土木建筑大类专业系列新形态教材

建筑材料

周盾白 ▣ 主　编

周　晶　陈志绵 ▣ 副主编

清华大学出版社
北京

内 容 简 介

本书以建筑材料为主线，首先进行材料通讲，帮助读者基本了解材料的性质、材料的分类，以及不同类别材料的共性和个性；其次对材料进行分讲，按无机材料（气硬性胶凝材料、水泥、混凝土、墙材、砂浆、陶瓷、玻璃、石材、土）、有机材料（沥青、木材、合成高分子材料）的顺序进行讲解；最后结合应用场景，如土建和装饰过程中经常用到的建筑材料，对建筑材料的要求，以及对材料的应用进行介绍。

本书可作为高职院校建筑相关专业的配套教材，也可作为建筑从业人员的参考用书。

本书封面贴有清华大学出版社防伪标签，无标签者不得销售。
版权所有，侵权必究。举报：010-62782989，beiqinquan@tup.tsinghua.edu.cn。

图书在版编目（CIP）数据

建筑材料/周盾白主编．—北京：清华大学出版社，2023.8
土木建筑大类专业系列新形态教材
ISBN 978-7-302-63985-5

Ⅰ.①建⋯ Ⅱ.①周⋯ Ⅲ.①建筑材料—高等职业教育—教材 Ⅳ.①TU5

中国国家版本馆 CIP 数据核字(2023)第 115496 号

责任编辑：颜廷芳
封面设计：曹　来
责任校对：李　梅
责任印制：丛怀宇

出版发行：清华大学出版社
网　　址：http://www.tup.com.cn，http://www.wqbook.com
地　　址：北京清华大学学研大厦 A 座　　邮　　编：100084
社 总 机：010-83470000　　邮　　购：010-62786544
投稿与读者服务：010-62776969，c-service@tup.tsinghua.edu.cn
质量反馈：010-62772015，zhiliang@tup.tsinghua.edu.cn
课件下载：http://www.tup.com.cn，010-83470410

印 装 者：三河市铭诚印务有限公司
经　　销：全国新华书店
开　　本：185mm×260mm　　印　　张：11.5　　字　　数：276 千字
版　　次：2023 年 9 月第 1 版　　印　　次：2023 年 9 月第 1 次印刷
定　　价：39.00 元

产品编号：094480-01

前言

本书深入贯彻党的二十大精神，旨在服务土木建筑类职业教育，推进建筑相关行业绿色低碳高质量发展。建筑材料既涉及石膏、石灰、水泥、钢材、石材等无机材料，也涉及沥青、木材、塑料、橡胶、涂料、胶黏剂等有机材料，它们的共性和个性、性质和组成及结构的关系包含了很多的科学原理，所以掌握相关的物理、化学基础知识非常重要。

本书内容通俗易懂，包含最基本的科学常识和原理，让读者在了解身边不同材料的共性和个性的同时，建立起一个清晰的材料学习脉络。每章最后均配有思维导图，对本章的主要内容进行总结。

本书以建筑材料为主线，分为三部分。第一部分是绪论和第1章，为材料通讲。首先对材料的性质、材料的分类以及不同类别材料的共性和个性进行讲解，帮助学生对材料有基本的了解。第二部分从第2章到第11章，为材料分讲，按无机材料（气硬性胶凝材料、水泥、混凝土、墙材、砂浆、陶瓷、玻璃、石材、土）、有机材料（沥青、木材、合成高分子材料）的顺序进行讲解。第三部分是第12章，为材料应用，结合应用场景进行讲解，如土建和装饰过程中经常用到的建筑材料，以及对建筑材料的要求。

本书为活页式教材，配有大量的文字、图片、视频、音频等资源，读者可扫描二维码学习。

本书由广东科学技术职业学院周盾白担任主编，广东环境保护工程职业学院周晶、广东科学技术职业学院陈志绵担任副主编，珠海市振业混凝土有限公司丁晓平、王葆霞及东方雨虹民建集团王秋娣参与编写。具体分工为：周盾白编写绪论、第1章、第7章及第9章，并负责统稿及思政内容；周晶编写第2章、第3章及第8章；丁晓平、王葆霞编写第4～6章；王秋娣编写第10章；陈志绵编写第11章和第12章，广东科学技术职业学院汪慧提供教学楼建设资料。

本书可作为高等职业院校建筑相关专业的配套教材，也可作为建筑从业人员的参考用书。

由于编者水平有限，书中难免存在疏漏与不足之处，敬请广大读者批评、指正。

编　者
2023年3月

目　录

绪论	1
0.1　常见的建筑材料	1
0.2　建筑材料的分类	2
0.3　各类建筑材料的性质及应用	2
思考题	2
本章小结	3
第1章　建筑材料的性质	4
1.1　基本物理性质	4
1.2　与水有关的性质	6
1.2.1　亲水性和憎水性	6
1.2.2　吸水性和吸湿性	6
1.2.3　耐水性	7
1.2.4　抗渗性	8
1.2.5　抗冻性	8
1.3　与热有关的性质	8
1.3.1　导热性	8
1.3.2　热容量	9
1.3.3　耐燃性和耐火性	9
1.4　力学性质	9
1.4.1　强度和比强度	9
1.4.2　弹性和塑性	10
1.4.3　脆性和韧性	11
1.4.4　硬度和耐磨性	11
1.5　耐久性	12
1.6　建筑材料的标准与试验	12
思考题	12
本章小结	13
第2章　气硬性胶凝材料	14
2.1　石灰	14

2.1.1　石灰的生产及分类 …………………………………………… 14
　　　2.1.2　石灰的熟化和硬化 …………………………………………… 15
　　　2.1.3　石灰的技术性质 ……………………………………………… 17
　　　2.1.4　石灰的应用、储运和保存 …………………………………… 18
　2.2　石膏 …………………………………………………………………… 20
　　　2.2.1　石膏的生产及分类 …………………………………………… 20
　　　2.2.2　石膏的水化和凝结硬化 ……………………………………… 21
　　　2.2.3　石膏的技术性质 ……………………………………………… 22
　　　2.2.4　石膏的应用和保存 …………………………………………… 22
　2.3　水玻璃 ………………………………………………………………… 23
　　　2.3.1　水玻璃的组成及生产 ………………………………………… 23
　　　2.3.2　水玻璃的硬化 ………………………………………………… 24
　　　2.3.3　水玻璃的特性与应用 ………………………………………… 24
　思考题 ………………………………………………………………………… 25
　本章小结 ……………………………………………………………………… 25

第3章　水泥 …………………………………………………………………… 27
　3.1　硅酸盐水泥 …………………………………………………………… 27
　　　3.1.1　硅酸盐水泥的生产工艺流程 ………………………………… 27
　　　3.1.2　硅酸盐水泥熟料的矿物质组成 ……………………………… 28
　　　3.1.3　硅酸盐水泥的水化、凝结及硬化 …………………………… 28
　　　3.1.4　硅酸盐水泥的技术标准 ……………………………………… 29
　3.2　通用硅酸盐水泥 ……………………………………………………… 31
　　　3.2.1　通用硅酸盐水泥系列 ………………………………………… 31
　　　3.2.2　通用硅酸盐水泥的组成材料 ………………………………… 31
　　　3.2.3　普通硅酸盐水泥 ……………………………………………… 32
　　　3.2.4　矿渣硅酸盐水泥、火山灰硅酸盐水泥及粉煤灰硅酸盐水泥 … 32
　　　3.2.5　复合硅酸盐水泥 ……………………………………………… 33
　3.3　其他品种水泥 ………………………………………………………… 33
　3.4　水泥的验收及保存 …………………………………………………… 37
　　　3.4.1　水泥的验收 …………………………………………………… 37
　　　3.4.2　水泥的保存 …………………………………………………… 37
　思考题 ………………………………………………………………………… 38
　本章小结 ……………………………………………………………………… 38

第4章　混凝土 ………………………………………………………………… 40
　4.1　混凝土概述 …………………………………………………………… 40
　4.2　普通混凝土的组成材料 ……………………………………………… 41
　　　4.2.1　水泥 …………………………………………………………… 41
　　　4.2.2　骨料 …………………………………………………………… 42

	4.2.3	拌合用水及养护用水	46
	4.2.4	掺合料	46
	4.2.5	外加剂	47

4.3 混凝土拌合物的性能 49
    4.3.1 混凝土拌合物的基本性能 49
    4.3.2 有关黏聚性和保水性的相关术语 49
    4.3.3 影响混凝土和易性的主要因素 49
    4.3.4 测定混凝土和易性的方法 50
    4.3.5 调整混凝土和易性的措施 51
    4.3.6 混凝土的凝结时间 52

4.4 硬化后混凝土的性能 52
    4.4.1 混凝土的力学性能 52
    4.4.2 混凝土的变形性能 55
    4.4.3 混凝土的耐久性能 56

4.5 混凝土的配合比设计 57
    4.5.1 概述 57
    4.5.2 混凝土配合比计算步骤 58
    4.5.3 混凝土配合比的试配、调整与确定 63

4.6 混凝土的质量控制与强度评定 64
    4.6.1 原材料质量控制 64
    4.6.2 生产控制水平 67
    4.6.3 混凝土生产与施工质量控制 68
    4.6.4 混凝土质量检验 71

4.7 轻混凝土 73
    4.7.1 轻骨料混凝土 73
    4.7.2 多孔混凝土 75
    4.7.3 无砂大孔混凝土 76

4.8 其他品种混凝土 76
思考题 81
本章小结 81

第5章 墙体材料 83
5.1 概述 83
5.2 砖 84
    5.2.1 原料 84
    5.2.2 生产工艺 84
5.3 砌块 87
    5.3.1 蒸压加气混凝土砌块 88
    5.3.2 粉煤灰混凝土小型空心砌块 89
    5.3.3 普通混凝土小型空心砌块 89

                5.3.4 轻骨料混凝土砌块 ·· 90
                5.3.5 泡沫混凝土砌块 ·· 90
                5.3.6 装饰混凝土砌块 ·· 91
                5.3.7 石膏砌块 ·· 91
        5.4 其他墙体材料 ··· 91
                5.4.1 大型墙板 ·· 92
                5.4.2 条板 ·· 93
                5.4.3 薄板 ·· 94
    思考题 ··· 94
    本章小结 ··· 94

第 6 章 建筑砂浆 ··· 95
        6.1 砂浆的组成材料 ·· 95
                6.1.1 胶凝材料 ·· 95
                6.1.2 骨料 ·· 96
                6.1.3 水 ·· 97
                6.1.4 添加剂 ·· 97
        6.2 砂浆的技术性质 ·· 97
                6.2.1 新拌砂浆的技术性质 ·· 97
                6.2.2 硬化后砂浆的技术性质 ·· 99
        6.3 砌筑砂浆 ··· 100
                6.3.1 砌筑砂浆的技术条件 ··· 100
                6.3.2 砌筑砂浆及其配合比设计 ·· 100
        6.4 抹灰砂浆 ··· 102
                6.4.1 普通抹灰砂浆 ··· 102
                6.4.2 粉刷石膏砂浆 ··· 103
        6.5 其他种类砂浆 ··· 103
    思考题 ·· 105
    本章小结 ·· 105

第 7 章 陶瓷、玻璃、石材及土 ·· 106
        7.1 陶瓷 ··· 106
        7.2 玻璃 ··· 107
                7.2.1 玻璃的分类 ·· 107
                7.2.2 玻璃的性能 ·· 109
        7.3 石材 ··· 110
                7.3.1 天然石材的成因及种类 ··· 110
                7.3.2 天然石材的特点 ··· 110
                7.3.3 天然石材的分类 ··· 112
                7.3.4 人造石 ··· 113

7.4 土 113
    7.4.1 土的组成 113
    7.4.2 土的性质 114
    7.4.3 建筑材料夯土 114
    7.4.4 三合土 114
思考题 115
本章小结 115

第8章 金属材料 118

8.1 建筑钢材 118
    8.1.1 钢材概述 118
    8.1.2 钢材的技术性能 120
    8.1.3 钢材的选用及原则 123
    8.1.4 钢材的防锈与防火 124
8.2 铝及铝合金 126
    8.2.1 铝及铝合金概述 126
    8.2.2 铝合金制品 127
思考题 127
本章小结 128

第9章 沥青、木材及竹材 130

9.1 沥青 130
    9.1.1 沥青的类别及组成 130
    9.1.2 沥青的技术性质 133
9.2 木材 135
    9.2.1 木材的分类 135
    9.2.2 木材的物理性质 136
    9.2.3 木材的加工处理 137
    9.2.4 人造木材 139
9.3 竹材 142
    9.3.1 竹材的性能 142
    9.3.2 竹材的优势 143
思考题 144
本章小结 144

第10章 合成高分子材料 145

10.1 高分子材料基本知识 145
10.2 常用的高分子建筑材料 146
    10.2.1 建筑塑料及橡胶制品 147
    10.2.2 热固性树脂 147
    10.2.3 建筑胶黏剂及涂料 148

10.3　高分子建筑材料的性质 …………………………………………………… 149
　　思考题 ……………………………………………………………………………… 150
　　本章小结 …………………………………………………………………………… 150

第 11 章　功能材料 ……………………………………………………………… 152
11.1　防水材料 ………………………………………………………………………… 152
　　11.1.1　防水材料概述 …………………………………………………………… 152
　　11.1.2　防水材料分类 …………………………………………………………… 153
11.2　装饰材料 ………………………………………………………………………… 156
　　11.2.1　色彩、质感和形式 ……………………………………………………… 156
　　11.2.2　环保及性能要求 ………………………………………………………… 157
　　11.2.3　各类装饰材料 …………………………………………………………… 158
11.3　绝热材料与吸声材料 …………………………………………………………… 162
　　思考题 ……………………………………………………………………………… 165
　　本章小结 …………………………………………………………………………… 165

第 12 章　应用场景 ……………………………………………………………… 166
12.1　房屋建筑 ………………………………………………………………………… 166
12.2　装饰装修 ………………………………………………………………………… 169
　　思考题 ……………………………………………………………………………… 172
　　本章小结 …………………………………………………………………………… 172

参考文献 …………………………………………………………………………… 173

绪　　论

如果你是一位原始人,刚刚逃过剑齿虎的追杀,心有余悸地跑回山洞,为了阻挡猛兽的进攻,赶紧搬了几块岩石堵住洞口——恭喜你,也许你就是史上最早使用建筑材料的人。

建筑材料既不神秘,也不复杂。从爱斯基摩人的冰房,到非洲原始部落的土屋,还有我们现在居住的钢筋混凝土"丛林"都离不开建筑材料。它们就是我们身边最普通、最平凡的存在,平凡得甚至经常忽略它们,却不知它们是多么的重要和伟大。

0.1　常见的建筑材料

衣食住行是人类生活的基本要素,而住和行都离不开各种建筑、桥梁和道路,构建它们的基础就是建筑材料。

什么是建筑材料?建筑材料是指在土木工程建设中用于构成建筑物或构筑物的各种材料的总称,如水泥、钢材、木材、混凝土、石材、砖、石灰、石膏、建筑塑料、沥青、玻璃及建筑陶瓷等,其品种达数千种,如图0-1所示。

图0-1　常见的建筑材料

0.2　建筑材料的分类

简单来说,材料大体可以分为无机材料和有机材料。另外,两种或两种以上材料复合使用的复合材料,其性能优于材料单独使用时的性能。

无机材料包括无机非金属材料及金属材料。无机非金属材料包括混凝土、水泥、玻璃、陶瓷等,金属材料包括钢材、铝合金等。

有机材料包括天然有机材料(如木材、竹材),以及合成高分子材料(如塑料、橡胶、涂料及胶黏剂)。

以钢筋混凝土为代表的无机材料、无机复合材料构成了建筑材料的主体,但同时形形色色的有机材料也以各种姿态登上了建筑材料的舞台,如防水材料、保温材料、装饰材料及部分混凝土外加剂等,它们给建筑赋予了更多的功能和美感。

0.3　各类建筑材料的性质及应用

建筑为人们提供了一个安全、舒适、美观的环境,它为人们遮风挡雨,因此要求建筑材料冬暖夏凉、抗风抗震、防火、安全环保。这些要求就是建筑材料所需要具备的性质,如力学性质、与热和水有关的性质、基本物理性质等。

不同的建筑材料具有不同的性质。为了更好地学习不同建筑材料所具有的性质,可以将它们进行分类,了解不同种类建筑材料的共性和特性,从而对建筑材料建立一个清晰且完整的概念。

林林总总的建筑材料具有不同的性质,应用在不同的场合。以房屋建筑为例,按照功能的不同可以分成结构材料、墙体材料及功能材料,具体如表0-1所示。

表0-1　结构材料、墙体材料和功能材料

分类	主要功能
结构材料	主要是指构成结构物受力构件的材料,用于承受载荷,如梁、板、柱、基础、框架及其他受力构件和结构等使用的材料
墙体材料	是指建筑物内、外及分隔墙体所采用的材料,分承重和非承重两类
功能材料	是指具有某些特殊功能的材料,用于满足建筑物或构筑物的适用性,如防水材料、保温材料、隔音吸声材料、装饰材料、耐火材料、耐腐蚀材料以及防辐射材料等

思 考 题

1. 什么样的材料适合作为结构材料?
2. 功能材料有哪些?什么样的材料能满足这些功能?
3. 墙体材料有哪些特点?

学习建筑材料的目的,就是要学会使用这些建筑材料,而只有掌握这些建筑材料的性质,才能合理地使用它。

本 章 小 结

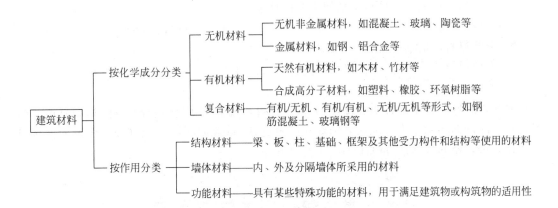

 【拓展阅读】 材料,人类进步的阶梯

人类的文明史,就是材料的发展史。

从手持石矛、穴居洞藏的原始人,到数字时代、豪屋美居的现代人,材料成了人类文明进步的标志;从石器时代、青铜时代、铁器时代,到现在以计算机信息为主的硅基时代,材料构成了人类生存和发展的主要物质基础。

一百万年前,原始人以石头作为工具和武器,称为旧石器时代。一万年前,人类学会对石器进行加工,使工具和武器更加好用,称为新石器时代。在新石器时代后期,人类制造了陶器,并在寻找石头的过程中认识了矿石,在烧陶生产中学会了冶铜术。公元前5000年,人类进入青铜器时代。公元前1200年,人类学会铸铁,之后学会炼钢。18世纪到19世纪中叶,钢铁工业成为产业革命的重要内容和物质基础,随着现代平炉和转炉炼钢技术的出现,人类真正进入了钢铁时代。从20世纪初开始,随着半导体材料的应用和发展,人类进入了以硅基材料为基础的信息时代。而建筑材料也从传统的土木砖瓦,发展到了如今品种繁多、功能齐全的各式建筑材料。

商周时代已经有了较成熟的夯土技术,建造了相当规模的宫室和陵墓,木构架结构和瓦也开始出现并使用。战国时期,出现了砖和彩画。秦汉时期,高台建筑仍然盛行,多层建筑逐步增加。东汉时石料的使用逐渐增多,出现了全部石造的建筑物,如祠、石阙和石墓。

自从20世纪80年代以来,中国新型建筑材料发展迅速,除了常用的水泥、混凝土、砂、钢筋、石材、玻璃、陶瓷、石膏、石灰等无机材料,有机高分子材料和复合材料也走上前台。林林总总的材料,构成了丰富多彩的建筑材料世界,也为建筑的多样化提供了无限可能。

第1章 建筑材料的性质

【学习目标】
1. 掌握和建筑材料有关的各种性质。
2. 掌握相关的物理概念。

对建筑材料所要求的性质和建筑的功能有关,而建筑材料所需要的具体性质取决于建筑材料所应用的场景。为了准确评估建筑材料的性质,我们制定出各种物理指标以及标准的测试方法。不同形式的混凝土如图1-1所示。

图1-1 不同形式的混凝土

虽然图1-1中的建筑材料都属于混凝土,配方也大致相同,但是其用途和性能却有着天壤之别,而这仅仅是因为改变了材料的组成与结构。因此要想了解建筑材料的性质,还需要对建筑材料的组成与结构有一定的了解。

建筑材料的应用场景对建筑材料的性质提出了要求,而建筑材料的组成与结构决定了建筑材料的性质。

我们学习一种建筑材料,就是要了解它用在什么地方?它需要什么性质?怎样的组成与结构使它具有这样的性质?对于任何一种材料,只要明白了这三个问题,也就了解了这种材料。

下面首先学习材料中和建筑有关的性质,包括基本物理性质、与水有关的性质、与热有关的性质、力学性质和耐久性。

1.1 基本物理性质

1. 密度

密度又称真实密度,是指材料在绝对密实状态下单位体积的质量。其计算公式为

$$\rho = m/V$$

式中,ρ——密度(g/cm^3 或 kg/m^3);

m——材料在干燥状态下的质量(g 或 kg);

V——材料在绝对密实状态下的体积(cm^3 或 m^3)。

材料的密度只与构成材料的固体物质的化学成分和分子结构有关,所以对于同种物质构成的材料,其密度为恒量。

2. 表观密度

表观密度是指材料的质量与表观体积之比。表观体积是实体体积与闭口孔隙体积之和,此体积即材料排开水的体积。表观密度的计算公式为

$$\rho_0 = m/V_0$$

式中,ρ_0——表观密度(g/cm^3 或 kg/m^3);

m——材料在干燥状态下的质量(g 或 kg);

V_0——材料在自然状态下的体积(cm^3 或 m^3)。

3. 堆积密度

堆积密度是指散粒状材料在规定装填条件下单位体积的质量。堆积体积是指自然状态下颗粒的体积与颗粒之间的空隙之和。堆积密度的计算公式为

$$\rho'_0 = m/V'_0$$

式中,ρ'_0——堆积密度(g/cm^3 或 kg/m^3);

m——材料的质量(g 或 kg);

V'_0——材料的堆积体积(cm^3 或 m^3)。

材料的堆积体积可用容积筒进行测量。

4. 体积密度

体积密度是指材料在自然状态下单位体积的质量。其计算公式为

$$\rho''_0 = m/V''_0$$

式中,ρ''_0——体积密度(g/cm^3 或 kg/m^3);

m——材料的质量(g 或 kg);

V''_0——材料的自然体积(cm^3 或 m^3)。

5. 密实度

材料的密实度是指材料在绝对密实状态下的体积与在自然状态下的体积之比,用 D 表示。其计算公式为

$$D = V/V_0 \times 100\% = \rho_0/\rho \times 100\%$$

6. 孔隙率

孔隙率是指材料中孔隙体积与材料在自然状态下的体积之比的百分率,用 P 表示。其计算公式为

$$P = (V_0 - V)/V_0 \times 100\% = (1 - \rho_0/\rho) \times 100\%$$

7. 比重

比重是物质的密度与4℃的纯净水的密度($1g/cm^3$)之比,无量纲。比重的概念经常被使用,数值上等于材料的表观密度。常见建筑材料的大致比重见表1-1。

表 1-1　常见建筑材料的大致比重

材料	钢材	混凝土	玻璃	塑料	陶瓷	石灰石
比重	7.8	2.4	2.5	1	2.3	2.6

注意：除密度概念仅取决于材料本身的性质外，其他的概念不仅与材料性质有关，也和材料是否多孔和密实有关，我们可以统称为材料"与孔有关的性质"。这些与孔有关的性质，不仅会影响建筑材料与水有关的性质，也会影响建筑材料与热有关的性质，还会影响建筑材料的力学性质及耐久性。

1.2　与水有关的性质

由于建筑材料在实际使用过程中很多都要接触水，因此需要了解建筑材料与水有关的性质，如亲水性和憎水性、吸水性和吸湿性、耐水性、抗渗性和抗冻性等。

1.2.1　亲水性和憎水性

亲水性：材料在空气中与水接触时能被水润湿的性质。

憎水性：材料在空气中与水接触时不能被水润湿的性质。

在材料、水和空气的交点处，沿水滴表面的切线与材料表面所成的夹角称润湿角，用 θ 表示。若 $\theta \leqslant 90°$，材料呈现亲水性；若 $\theta > 90°$，材料呈现憎水性，如图 1-2 所示。

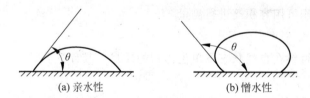

(a) 亲水性　　　　(b) 憎水性

图 1-2　润湿角与亲水性和憎水性关系示意图

润湿角越小，则材料润湿性能越好。一般而言，无机材料表现为亲水材料，而有机材料表现为憎水材料。同时，工程上比较常用的还有亲油憎油概念，亲水则憎油，憎水则亲油。

亲水和憎水表现的是材料的表面特性，通过改性，材料表面的亲水和憎水特性可以改变。比如通过有机硅防水剂处理过的混凝土表面，可以使本来亲水的混凝土表现为憎水，如图 1-3 所示。

1.2.2　吸水性和吸湿性

吸水性是指材料浸在水中，吸收并保持其水分的性质。吸水性用吸水率表示。材料在吸水饱和时，所吸收水分的质量占材料干燥时质量的百分率，称为质量吸水率。一般的建筑材料吸水率用质量吸水率表示，但对于一些疏松多孔的轻质材料，其质量吸水率往往超过 100%，一般采用体积吸水率来表示。

图 1-3 有机硅处理混凝土前后效果对比

质量吸水率计算公式为

$$W_质 = (M_湿 - M_干)/M_干 \times 100\%$$

式中，$W_质$——材料的质量吸水率；

$M_湿$——材料吸水饱和后的质量（g 或 kg）；

$M_干$——材料烘干到恒重的质量（g 或 kg）。

体积吸水率计算公式为

$$W_体 = V_水/V_0 \times 100\%$$

式中，$W_体$——材料的体积吸水率（%）；

$V_水$——材料在吸水饱和时的体积（cm^3 或 m^3）；

V_0——干燥材料在自然状态下的体积（cm^3 或 m^3）。

吸湿性是指材料在空气中吸附水蒸气的能力。吸湿性的大小用含水率表示。材料所含水的质量占材料干燥质量的百分率，称为材料的含水率。其计算公式为

$$W = (m_k - m_1)/m_1 \times 100\%$$

式中，W——材料的含水率（%）；

m_k——材料吸湿后的质量（g 或 kg）；

m_1——材料在绝对干燥状态下的质量（g 或 kg）。

吸水性和吸湿性与材料的亲水性及与孔有关的性质有关。一般而言，材料的亲水性越强，孔隙率越高；开孔越多，材料的吸水性和吸湿性越大。

在建筑工程上，吸水性和吸湿性分别有不同的意义。比如，对石材的评估会考察它的吸水性；对石膏则会考察它的吸湿性。

1.2.3 耐水性

材料的耐水性主要是评估材料在浸水情况下，承受荷载的能力。耐水性即材料长期在吸水饱和的状态下，不发生破坏，强度也不明显降低的性能，用软化系数表示，其计算公式为

$$K_软 = \frac{f_饱}{f_干}$$

式中，$K_软$——材料的软化系数；

$f_饱$——材料在吸水饱和状态下的抗压强度(Pa 或 MPa)；

$f_干$——材料在干燥状态下的抗压强度(Pa 或 MPa)。

软化系数的大小表明材料浸水后强度降低的程度，一般波动范围为 0~1。软化系数越小，说明材料饱水后的强度降低越多，其耐水性越差。对于经常位于水中或受潮严重的重要结构物所使用的建筑材料，其软化系数不宜小于 0.85；受潮较轻或次要结构物所使用的建筑材料，其软化系数不宜小于 0.75。

1.2.4 抗渗性

材料抵抗压力水渗透的性质称为抗渗性，或称不透水性。材料的抗渗性通常用渗透系数 K_s 表示。K_s 值愈大，表示材料渗透的水量愈多，即抗渗性愈差。

材料的抗渗性也可用抗渗等级表示。抗渗等级是以 28d 龄期的标准试件，按标准试验方法进行实验时所能承受的最大水压力来确定，以符号 Pn 表示，如 P4、P6、P8 分别表示材料能承受 0.4MPa、0.6MPa、0.8MPa 的水压而不渗水。材料的抗渗性与其孔隙率和孔隙特征有关。

抗渗性是决定材料耐久性的重要因素。在设计地下建筑、压力管道、容器等结构时，均要求其所使用材料具有一定的抗渗性。抗渗性也是检验防水材料质量的重要指标。

1.2.5 抗冻性

材料在饱水状态下，能经受多次冻结和融化(冻融循环)而不破坏，同时也不严重降低强度的性质称为抗冻性。冻融破坏的原因为：孔隙中水冻结时体积增大 9% 左右，对孔壁产生压力从而使孔壁开裂。由此可见，材料抗冻性的高低，取决于材料的吸水饱和程度以及材料对水结冰时体积膨胀所产生的压力的抵抗能力。

抗冻等级用符号"F"表示，通过冻融循环实验进行确定。将材料吸水饱和后，按规定的方法在 −15~20℃ 的温度进行冻融循环，其质量损失不超过 5%，强度下降不超过 25%，所能经受的最大冻融循环次数即为抗冻等级。

1.3 与热有关的性质

建筑材料与热有关的性质，包含导热性、热容量、热阻、耐火性、耐燃性和温度变形性等。

1.3.1 导热性

当材料两侧存在温度差时，热量将由温度高的一侧通过材料传递到温度低的一侧，材料的这种传导热量的能力，称为导热性。

材料的导热性用导热系数 λ 来表示，即厚度为 1m 的材料，当温度改变 1K 时，在 1s 内

通过 $1m^2$ 面积的热量。材料的导热系数愈小,表示其绝热性能愈好。各种土木工程材料的导热系数差别很大,一般为 $0.035\sim3.5W/(m\cdot K)$。

密闭空气的导热系数很小,为 $0.023W(m\cdot K)$,水为 $0.58W(m\cdot K)$,冰为 $2.2W(m\cdot K)$。隔热保温材料多采用封闭多孔结构,既利用了空气低导热率的特点,又可形成封闭孔,防止空气对流带走热量。水和冰的导热系数较高,因此,隔热保温材料应当做好防水,以免热量流动。

1.3.2 热容量

材料加热时吸收热量,冷却时放出热量的性质称为热容量。热容量的大小用比热容 C(也称热容量系数,简称比热)表示。

比热容表示 1g 材料温度升高 1K 时所吸收的热量,或降低 1K 时放出的热量。

1.3.3 耐燃性和耐火性

材料的耐燃性是指材料对火焰和高温的抵抗能力。它是影响建筑物防火、结构耐火等级的重要因素。按照耐燃性等级,建筑材料分为不燃材料、难燃材料和易燃材料。一般而言,无机材料为不燃材料,包括钢材、玻璃、混凝土、陶瓷等;有机材料中,除聚氯乙烯为难燃材料之外,其他材料如未经阻燃处理,通常为易燃材料,如塑料、橡胶、沥青、木材等。这些材料经阻燃处理后,可成为难燃材料,但是一般无法成为不燃材料。我们对有机材料的使用,一定要注意其防火等级,要根据需求进行阻燃处理。

材料的耐火性是材料在火焰和高温作用下,保持其不被破坏、性能不明显下降的能力。耐火材料一般用于工业用途,如各类耐火砖等。

需要注意的是,无机材料虽然是不燃材料,但绝大多数却不能用作耐火材料,并且耐火性能比较差,典型的例子是钢材。钢材虽然不燃,但是它的耐火性差,高温之下力学强度损失很快,从而丧失其承受荷载的能力。

1.4 力学性质

建筑材料的力学性质包括强度、弹性与塑性、脆性与韧性、硬度与耐磨性等。

1.4.1 强度和比强度

材料的强度是材料在外力作用下抵抗破坏的能力,数值上等于材料受力破坏时单位受力面积上所承受的力,通常以材料在应力作用下失去承载能力时的极限应力来表示。

根据外力作用方式的不同,材料强度主要有抗拉、抗压、抗剪、抗弯(抗折)强度。常用的建筑材料受力情况如图 1-4 所示。

常用的建筑材料强度值见表 1-2。

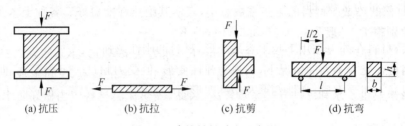

图 1-4 建筑材料受力示意图

表 1-2 常用的建筑材料强度值　　　　　　　　　　　单位：MPa

建筑材料名称	抗压强度	抗拉强度	抗弯强度	抗剪强度
钢材	215～1600	215～1600	215～1600	200～350
普通混凝土	10～100	1～8		2.5～3.5
普通烧结砖	7.5～30		1.8～4.0	1.8～4.0
花岗岩	100～250	5～8	10～14	13～19
松木(顺纹)	30～50	80～120	60～100	6.3～6.9

由表 1-2 可知，砖、石材、混凝土等建筑材料的抗压强度较高，而其抗拉及抗弯强度很低；木材则抗拉强度高于抗压强度；钢材的抗拉、抗压强度都很高。因此，砖、石材、混凝土等多用于房屋的墙和基础构件，钢材则适用于承受各种外力的构件。

相同种类的建筑材料，随着其孔隙率及构造特征的不同，其强度也有较大的差异。一般孔隙率越大的建筑材料强度越低，其强度与孔隙率具有近似直线的比例关系。

材料的比强度是按单位体积质量计算的材料强度，即材料的强度与其表观密度之比，是衡量材料轻质高强的一项重要指标。比强度越大，材料轻质高强的性能越好。优质的结构材料要求具有较高的比强度。轻质高强的材料是未来建筑材料发展的主要方向。几种常见建筑材料的比强度值见表 1-3。

表 1-3 几种常见建筑材料的比强度值

建筑材料	拉伸强度/MPa	表观密度/$kg \cdot cm^{-3}$	比强度
环氧玻璃钢	500	1730	0.28
A3 钢	400	7850	0.05
高级合金钢	1280	8000	0.16
LY12 铝合金	420	2800	0.16
松木(顺纹抗拉)	10	500	0.20

1.4.2 弹性和塑性

材料在外力作用下产生变形，当外力取消后，材料变形消失并完全恢复原来形状的性质称为弹性。

材料在外力作用下产生变形，当外力消失后，仍保持变形后的形状尺寸，并且不产生裂缝的性质称为塑性，这种不能消失的变形称为塑性变形。

弹性变形属于可逆变形，其数值的大小等于应力除以应变，称为弹性模量。在弹性变形

范围内,弹性模量为常数,即

$$E = \sigma/\varepsilon$$

E 越大,材料在外力作用下越不容易变形,材料的刚性越强。

建筑钢材在受力不大的情况下,表现为弹性变形,但受力超过一定限度后,即表现为塑性变形。混凝土在受力后,弹性变形及塑性变形同时产生。

1.4.3 脆性和韧性

当外力作用达到一定限度后,材料突然破坏且破坏时无明显的塑性变形的性质称为脆性。具有这种性质的材料称为脆性材料,如混凝土、砖、石材、陶瓷、玻璃等。

材料在冲击或振动荷载作用下,能产生较大的变形而不致破坏的性质称为韧性。具有这种性质的材料称为韧性材料,如钢材、木材、塑料等。

材料的韧性又称为冲击韧性,通常通过冲击试验进行检验。钢材冲击强度试验机如图1-5所示。冲击韧性值即材料受冲击破坏时单位断面所吸收的能量,用"αk"表示。实际上,冲击试验通常用于检验具有一定硬度和一定韧性的同种材质(如钢材和塑料)的韧性差异,而对于软质材料(如橡胶),以及完全脆性材料(如玻璃),则没有进行冲击试验的必要。

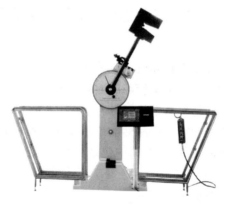

图1-5 钢材冲击强度试验机

1.4.4 硬度和耐磨性

硬度是指材料表面抵抗尖硬物体刻划或压入的能力。木材、金属、塑料等韧性材料的硬度,往往采用压入法来测定。不同的建筑材料采用不同的硬度指标,如金属采用布氏硬度(HB)、洛氏硬度(HRC)等;塑料采用邵氏硬度;涂料采用铅笔硬度;陶瓷、玻璃等脆性材料的硬度采用对比刻画法来测定。

耐磨性是指材料表面抵抗磨损的能力,用磨损率表示。耐磨性等于试件在标准实验条件下磨损前后的质量差与试件受磨表面积之商。磨损率越大,材料的耐磨性越差。

硬度和耐磨性都是材料的表面力学性质。通常情况下,两者表现出相关性,硬度越大,耐磨性越好。但在一些高分子地坪材料中,硬度和耐磨性却没有表现出完全的相关性。

硬度和强度是两个不同的物理概念,但两者也有一定的关联,硬度是材料表面的力学性质。强度是材料整体的力学性质。对于匀质材料而言,两者的关联性比较高,而对于非匀质材料或者夹芯材料,两者则毫无关联性。

1.5 耐久性

材料的耐久性是指材料在使用过程中,在内、外部因素的作用下,经久不破坏、不变质,保持原有性能的性质。

材料的耐久性主要取决于不同的材质。混凝土、钢材和高分子材料这三种材料,从组成结构、应用的建筑形式、到性能失效的原因和方式,都非常不同。

材料的耐久性除了和本身的组成结构有关之外,还受到外界因素的直接作用和影响。这些外界作用包括物理作用(如光、热、雨水、风等)、化学作用(如酸、碱、盐、水等)以及生物作用(如细菌、昆虫等)。相同的外界条件对不同材料的耐久性影响差别非常大。

对于不同的建筑,对材料的耐久性有不同的要求;对于不同的材料,也有不同的提高耐久性的方法。具体内容将在以后的课程中讲解。

1.6 建筑材料的标准与试验

标准一词广义上是指对重复事物和概念所做的统一规定,它以科学、技术和实践的综合成果为基础,经有关方面协商一致,由主管部门批准发布,作为共同遵守的准则和依据。

标准的制定使针对材料的评判有了依据。与土木工程材料的生产和选用有关的标准主要有产品标准和工程建设标准两类。产品标准是为保证工程材料产品的适用性,对产品必须达到的某些或全部要求所制定的标准,其中包括品种、规格、技术性能、试验方法、检验规则、包装、储藏、运输等内容;工程建设标准是对工程建设中的勘察、规划、设计、施工、安装、验收等需要协调统一的事项所制定的标准。

标准的级别一般可分为国家标准、行业标准、地方标准和企业标准。国家标准以 GB 表示,属于国家强制性标准,全国必须执行,产品的技术指标不得低于标准中规定的要求。以 GB/T 表示的属于国家推荐性标准。不同的行业或部门有相应的行标或部级标准,如建筑行业标准(代号 JG)、建筑材料行业标准(代号 JC)、水利行业标准(代号 SL)、交通行业标准(代号 JT)、黑色冶金行业标准(代号 YB)、铁路行业标准(代号 TB)等。地方标准代号为 DB;企业标准代号为 QB。

思 考 题

1. 建筑材料的性质包括哪些内容?
2. 建筑材料的基本物理性质包括哪些内容?
3. 什么是材料的脆性与韧性、弹性与塑性?

4. 什么是材料的吸水性与吸湿性、耐水性与抗渗性？
5. 如何判断材料的亲水性与憎水性？

本 章 小 结

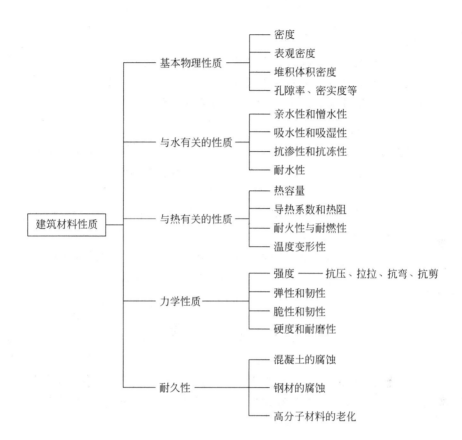

第 2 章 气硬性胶凝材料

【学习目标】
1. 掌握胶凝材料、气硬性胶凝材料和水硬性胶凝材料的概念。
2. 掌握石膏、石灰的化学组成与生产过程。
3. 掌握石膏、石灰的性质与应用,了解它们的共性与特性。
4. 了解水玻璃的性质及应用。

胶凝材料是指能将散粒材料(如沙和石子)或块状材料(如砖块和石块)胶结为整体,并具有一定机械强度的物质,又称胶结料。常见的胶凝材料有水泥、石膏、石灰、水玻璃、沥青等。

胶凝材料按凝结硬化条件的不同可分为气硬性胶凝材料和水硬性胶凝材料。气硬性胶凝材料只能在空气中硬化,保持或继续发展其强度(如石膏、石灰、水玻璃和菱苦土等);水硬性胶凝材料在凝结后,既能在空气中硬化,又能在水中硬化,保持或继续发展其强度(如水泥)。

2.1 石 灰

石灰是较早使用的胶凝材料,成本低廉,生产简便。发现最早的石灰窑是汉代的。石灰作为传统的建筑材料,在古建筑中有着较为广泛的用途,比如可用于砌筑、制作三合土、涂刷墙壁等。

2.1.1 石灰的生产及分类

1. 石灰的生产

凡是以碳酸钙为主要成分的天然岩石,如石灰岩、白垩、白云质石灰岩等,都可用来生产石灰(主要成分为 $CaCO_3$ 和少量 $MgCO_3$)。另外,化工副产品电石渣(成分为 $Ca(OH)_2$)也可以用来生产石灰。

一般来说,在正常温度和煅烧时间下产生的石灰具有多孔、颗粒细小、表观密度小以及水反应速度快等特点。这种石灰称为正火石灰。

如煅烧温度较低,不仅会使煅烧的时间过长,而且会使石灰块的中心部位无法完全分解,导致石灰中含有未分解的碳酸钙。这种石灰称为欠火石灰。欠火石灰会降低石灰的利用率,但在使用时不会带来危害。

如煅烧温度过高,煅烧后的石灰会有结构致密、孔隙率小、表观密度大、晶粒粗大、易被玻璃物质包裹等问题,且与水的化学反应速度极慢。这种石灰称为过火石灰。当正火石灰已经水化,并且开始凝结、硬化,过火石灰才开始水化,且水化后的产物较反应前的体积膨胀,导致已硬化的结构产生裂纹或崩裂、隆起等现象。

化学反应式如下:

$$CaCO_3 = CaO + CO_2 \uparrow$$

$$MgCO_3 = MgO + CO_2 \uparrow$$

2. 石灰的分类

(1) 石灰按是否熟化可分为生石灰、熟石灰(也称为消石灰)。

(2) 生石灰按加工情况不同可分为建筑石灰(块状)和建筑生石灰粉。

(3) 生石灰按化学成分不同可分为钙质石灰和镁质石灰。其划分标准见表2-1。

表 2-1　钙质石灰和镁质石灰的划分标准

类　别	名　称	代　号	MgO 含量/%
钙质石灰	钙质石灰 90	CL90-Q CL90-QP	≤5
	钙质石灰 85	CL85-Q CL85-QP	
	钙质石灰 75	CL75-Q CL75-QP	
镁质石灰	镁质石灰 85	ML85-Q ML85-QP	>5
	镁质石灰 80	ML80-Q ML80-QP	

说明:代号 CL 表示钙质石灰,ML 表示镁质石灰,Q 表示块状,QP 表示粉状。

(4) 消石灰按加工情况不同可分为建筑消石灰粉、石灰膏、石灰乳。

(5) 消石灰按化学成分不同可分为钙质消石灰和镁质消石灰。其划分标准见表2-2。

表 2-2　钙质消石灰和镁质消石灰的划分标准

类　别	名　称	代　号	MgO 含量/%
钙质消石灰	钙质消石灰 90	HCL90	≤5
	钙质消石灰 85	HCL85	
	钙质消石灰 75	HCL75	
镁质消石灰	镁质消石灰 85	HML85	>5
	镁质消石灰 80	HML80	

2.1.2　石灰的熟化和硬化

1. 石灰的熟化

石灰在使用时一般要先加水,消解成氢氧化钙(消石灰),这个过程称为石灰的消解或熟化。其反应式为

$$CaO + H_2O = Ca(OH)_2$$

石灰的消解为放热反应。石灰在消解过程中会释放出大量的热,使温度升高,从而加快石灰的消解速度。但是温度过高又会引起逆反应,使氢氧化钙发生分解,这样反而会减慢石灰的消解速度。因此,消解石灰时,最好是使水沸腾,并不断搅拌,以保证温度不致过高或过低。

由于石灰消解时会放出大量的热,因此,在储藏和运输过程中,不能受潮,不能与其他易燃易爆物品放在一起,以免发生火灾与爆炸事故。

石灰消解的理论用水量为生石灰质量的32%,但因为生石灰消解时放热,水蒸发为水蒸气,所以实际用水量更多。

在建筑工地上熟化石灰常用的方法有两种:消石灰浆法和消石灰粉法。

1)消石灰浆法

消石灰浆法是指将生石灰置于化灰池中,将其熟化成石灰浆,然后通过筛网放入储灰坑。

生石灰熟化时会放出大量的热,使熟化速度加快,但当温度过高且水量不足时,又会造成$Ca(OH)_2$凝聚在CaO周围,从而阻碍熟化进行,而且还会发生逆反应。所以,对于熟化快、放热量大的生石灰,要加入大量的水,并不断搅拌散热,以控制温度不致过高,保证生石灰熟化的进行;而对于熟化较慢的生石灰,应通过少加水、慢加水等方法,使之保持较高的温度,从而促进熟化的进行。

生石灰中常含有过火石灰。为使石灰熟化得更充分,应尽量消除过火石灰的影响。

石灰浆应在储灰坑中存放两星期以上,这个过程称为石灰的陈伏。在陈伏期间,石灰浆表面应保持有一层水分,使之与空气隔绝,避免碳化。石灰浆在储灰坑中沉淀后,除去上层水分即可得到石灰膏,它是建筑工程中砌筑砂浆和抹面砂浆常用的材料之一。

2)消石灰粉法

消石灰粉法是指给生石灰加适量的水,将其熟化成消石灰粉。生石灰熟化成消石灰粉的理论需水量为生石灰质量的32.1%,但因为一部分水会蒸发,所以实际加水量更多(60%~80%),这样可使生石灰充分熟化,又不至于过湿成团。工地上常采用分层喷淋等方法进行熟化。因为人工熟化石灰,劳动强度大、效率低,质量不稳定,所以目前在工厂中多采用机械加工的方法将生石灰熟化成消石灰粉。

2. 石灰的硬化

石灰的硬化包括结晶和碳化两个过程,气硬性石灰在空气中硬化的这两个过程是同时进行的。

1)结晶作用

结晶是指石灰浆的游离水分或逐渐蒸发,或被砌体吸收,使氢氧化钙溶液达到饱和而析出$Ca(OH)_2$晶粒的过程。这些晶粒最初被水膜隔开,但随着水分逐渐减少,水膜逐渐变薄,晶粒长大并彼此靠近,最后交错结合在一起,形成一个整体。

2)碳化作用

石灰表层的氢氧化钙与空气中的二氧化碳发生反应,生成碳酸钙结晶,释放出水分的过程即为碳化。其反应式为

$$Ca(OH)_2 + CO_2 + nH_2O = CaCO_3 + (n+1)H_2O\uparrow$$

碳化作用不能在没有水分的全干状态下进行。

随着时间的增长,石灰表层形成的$CaCO_3$薄膜逐渐增厚,会阻止CaO进入内部深处,因此内部的$Ca(OH)_2$主要进行结晶作用。由于内部水分蒸发较慢,故结晶作用进行得很慢,因此石灰浆的硬化也是相当缓慢的。

2.1.3 石灰的技术性质

1. 建筑生石灰的技术性质

根据JC/T 479《建筑生石灰》标准,建筑生石灰在进行质量验收时要对其化学成分、物理性质(产浆量、细度)进行检测。检测标准见表2-3和表2-4。

表2-3 建筑生石灰的化学成分

名　称	氧化钙+氧化镁 ($CaO+MgO$)	氧化镁 (MgO)	二氧化碳 (CO_2)	三氧化硫 (SO_3)
CL90-Q CL90-QP	≥90	≤5	≤4	≤2
CL85-Q CL85-QP	≥85	≤5	≤7	≤2
CL75-Q CL75-QP	≥75	≤5	≤12	≤2
ML85-Q ML85-QP	≥85	≤5	≤7	≤2
ML80-Q ML80-QP	≥80	≤5	≤7	≤2

表2-4 建筑生石灰的物理性质

名　称	产浆量/($dm^3/10kg$)	细度 0.2mm筛余量/%	细度 90μm筛余量/%
CL90-Q	≥26	—	—
CL90-QP	—	≤2	≤7
CL85-Q	≥26	—	—
CL85-QP	—	≤2	≤7
CL75-Q	≥26	—	—
CL75-QP	—	≤2	≤7
ML85-Q	—	—	—
ML85-QP	—	≤2	≤7
ML80-Q	—	—	—
ML80-QP	—	≤7	≤2

2. 建筑消石灰的技术性质

根据JC/T 481—2013《建筑消石灰》标准,建筑消石灰在进行质量验收时要对其化学成分、游离子、细度和安定性四类指标进行检测。建筑消石灰的化学成分和物理性质的检测标准见表2-5和表2-6。

表 2-5　建筑消石灰的化学成分

名　称	氧化钙＋氧化镁（CaO＋MgO）	氧化镁（MgO）	三氧化硫（SO_3）
HCL90	≥90	≤5	≤2
HCL85	≥85		
HCL75	≥75		
HML85	≥85	>5	≤2
HML80	≥80		

表 2-6　建筑消石灰的物理性质

名　称	游离子/%	细　度		安定性
		0.2mm 筛余量/%	90μm 筛余量/%	
HCL90	≤2	≤2	≤7	合格
HCL85				
HCL75				
HML85				
HML80				

2.1.4　石灰的应用、储运和保存

1. 石灰的应用

（1）配制石灰砂浆、石灰乳。

（2）配制石灰土、三合土。三合土的应用如图 2-1 所示。

图 2-1　三合土用作铺筑步道砖的垫层

（3）生产硅酸盐及碳化制品。

（4）加固含水的软土地基，如图 2-2 和图 2-3 所示。

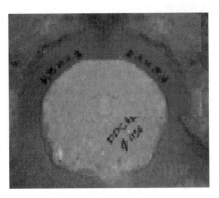
图 2-2 灰土桩

图 2-3 三合土桩

2. 建筑石灰的储运要求

依据 JC/T 479《建筑生石灰》和 JC/T 481—2013《建筑消石灰》的标准,建筑石灰在出厂时应按照标准进行袋装或散装包装。如进行袋装,则每个包装袋上应标明产品名称、标记、重量、批号、厂名、地址和生产日期;如进行散装,同样要提供对应于袋装产品的信息标签。具体包装形式由供需双方协商确定。

建筑生石灰属于自热材料,因此,不应与易燃、易爆和液体物品混装。建筑生石灰、建筑消石灰在运输和储存时都不应受潮和混入杂物,且不宜长期储存。不同种类的石灰应分别储存或运输,不得混杂。

3. 石灰的保存要点

(1) 注意防水防潮。
(2) 储存时间不宜过长,一般不超过一个月。
(3) 长期存放可熟化成石灰膏,要上覆砂土或水与空气隔绝,以免硬化。

4. 工程实例

(1) 某工地要使用一种生石灰粉,现取试样,应如何判断该石灰的品质?
(2) 进行室内抹面的某民房墙面出现"爆灰"和"网状裂纹",如图 2-4 和图 2-5 所示。请分析原因并提出改进措施。

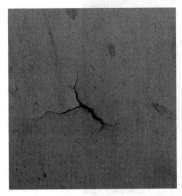
图 2-4 爆灰

图 2-5 网状裂纹

参考答案如下。

(1) 石灰的品质判定如下。

① 检测石灰中 CaO 和 MgO 的含量、二氧化碳的含量和细度。

② 根据 MgO 含量,判定该石灰的类别(钙质/镁质石灰)。

③ 根据技术性质判定该石灰的等级。

(2) 原因及解决方案如下。

① 原因:图 2-4 是受到过火石灰的影响;图 2-5 是由于硬化收缩导致。

② 解决方案:控制石灰砂浆抹面的面层灰度及用水量;拌制石灰砂浆时掺入少量麻刀、纸筋和玻璃纤维等,增强其延性,可减小收缩裂缝;砂浆施工时,提前预湿墙面基层,防止基层抢吸砂浆水分,产生收缩裂缝;对于过火石灰,一方面通过保证"陈伏"时间(2~3 周)充分熟化,另一方面可将块灰破碎过网筛除。

2.2 石　　膏

石膏在新石器时代就被当作建筑材料。公元前 7000 年,在安纳托利亚(现在土耳其境内),石膏材料就被用于室内装饰;在公元前 6000 年的杰里科(现在以色列境内)、公元前 3000 年的乌鲁克(现在伊拉克境内),再到后来的古埃及,石膏材料均被混入砂浆中砌石使用。中国最早在唐朝开采石膏矿,但主要用作药物和豆腐的凝固剂。

2.2.1　石膏的生产及分类

1. 石膏的生产

石膏的生产工序主要是指将天然石膏破碎、加热与磨细。注意:在不同温度、压力下煅烧,可得到不同品种的石膏。

将天然二水石膏(见图 2-6)入窑经低温煅烧后,磨细即得建筑石膏,其反应式为

图 2-6　天然二水石膏

$$CaSO_4 \cdot 2H_2O \xrightarrow{107\sim170℃} CaSO_4 \cdot \frac{1}{2}H_2O + 1\frac{1}{2}H_2O$$

（二水石膏）→（β型半水石膏）

天然二水石膏的成分为二水硫酸钙，建筑石膏的成分为半水硫酸钙。建筑石膏是天然二水石膏脱去部分结晶水得到的β型半水石膏。

将天然二水石膏置于蒸压锅内，经 0.13MPa 的水蒸气(125℃)蒸压脱水，得到晶粒比β型半水石膏粗大的产品，称为α型半水石膏。将此石膏磨细得到的白色粉末称为高强石膏。其反应式为

$$CaSO_4 \cdot 2H_2O \xrightarrow{125℃,0.13MPa} CaSO_4 \cdot \frac{1}{2}H_2O + 1\frac{1}{2}H_2O$$

（二水石膏）→（α型半水石膏）

2. 石膏的分类

(1) 无水石膏（$CaSO_4$）也称硬石膏，是生产硬石膏水泥和硅酸盐水泥的原料。

(2) 天然石膏（$CaSO_4 \cdot 2H_2O$）也称生石膏或二水石膏，是生产建筑石膏的主要原料。

(3) 建筑石膏$\left(CaSO_4 \cdot \frac{1}{2}H_2O\right)$也称熟石膏或半水石膏。根据其内部结构不同可分为α型半水石膏和β型半水石膏。

2.2.2 石膏的水化和凝结硬化

1. 石膏的水化

建筑石膏能与水发生水化反应，重新生成二水石膏，其反应式为

$$CaSO_4 \cdot \frac{1}{2}H_2O + 1\frac{1}{2}H_2O \longrightarrow CaSO_4 \cdot 2H_2O$$

2. 石膏的凝结硬化

建筑石膏与适量水拌和后会发生溶解，很快形成饱和溶液。溶液中的半水石膏经过水化会生成二水石膏。随着半水石膏不断地溶解水化，石膏浆体中的自由水分逐渐减少，二水石膏的胶体微粒不断增多，浆体逐渐变稠，颗粒之间的摩阻力与黏结力逐渐增大，可塑性逐渐降低，进而产生凝结现象。其反应式为

$$CaSO_4 \cdot \frac{1}{2}H_2O + 1\frac{1}{2}H_2O \longrightarrow CaSO_4 \cdot 2H_2O$$

石膏凝结后，浆体逐渐变硬并产生强度直至完全干燥的过程就是石膏的硬化过程，如图 2-7 所示。

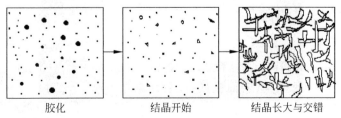

图 2-7 石膏硬化的过程

2.2.3 石膏的技术性质

1. 凝结、硬化快

建筑石膏的凝结、硬化速度很快,国家标准规定初凝时间不小于 3min,终凝时间不大于 30min。若在自然干燥条件下,1 周左右可完全硬化。由于建筑石膏的凝结速度太快,为方便施工,常掺加适量的缓凝剂来延缓其凝结速度。建筑石膏的技术指标见表 2-7。

表 2-7 建筑石膏的技术指标

技术指标	优等品	一等品	合格品
抗折强度/MPa	≥2.5	≥2.1	≥1.8
抗压强度/MPa	≥4.9	≥3.9	≥2.9
细度(0.2mm 方孔筛筛余,%)	≤5.0	≤10.0	≤15.0
凝结时间	初凝时间≥3min;终凝时间≤30min		

2. 硬化时体积微膨胀

建筑石膏硬化时具有微膨胀性,这一特性使它的制品具有表面光滑、棱角清晰、线脚饱满、装饰性好的优点。

3. 孔隙率大、表观密度小、强度低、保温和吸声性好

建筑石膏的水化反应理论需水量仅为 18.6%,这一特性使石膏质轻,导热系数小、保温隔热性能好,吸声性强,但其强度较低。

4. 具有一定的调温、调湿作用

建筑石膏的热容量大、吸湿性强,因此可对室内空气起到一定的调节温度和湿度的作用。

5. 防火性好、耐火性差

建筑石膏的导热系数小、传热速度慢,能有效地阻止火势蔓延。但二水石膏脱水后,强度明显下降,故建筑石膏不耐火。

6. 装饰性和可加工性好

建筑石膏的表面平整、色彩洁白,具有良好的装饰性和可加工性。

7. 耐水性和抗冻性差

建筑石膏是气硬性胶凝材料,吸水性大,若长期处于潮湿环境,其晶粒间的结合力会削弱至溶解,故建筑石膏的耐水性差。建筑石膏里的水分一旦受冻会对石膏产生破坏,因此建筑石膏的抗冻性差。

2.2.4 石膏的应用和保存

1. 石膏的应用

(1) 制备石膏砂浆和粉刷石膏。将建筑石膏粉(见图 2-8)加水后硬化可形成石膏。石膏表面坚硬、光滑细腻且不起灰,便于再装饰,常用于室内高级抹灰和粉刷。

图 2-8 建筑石膏粉

（2）石膏板及装饰件。石膏板质轻、保温隔热、吸声防火、尺寸稳定且便于施工，广泛应用于高层建筑和大跨度建筑隔墙。常用制品有纸面石膏板、纤维石膏板、空心石膏板、穿孔石膏板、装饰石膏板、石膏角线等装饰件(见图2-9～图2-11)。装饰石膏板、纸面石膏板可做吊顶材料，空心石膏板可用于非承重内墙。

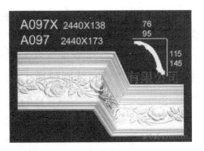

图2-9　装饰石膏板

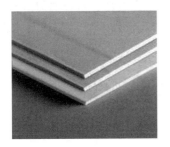

图2-10　纸面石膏板　　　　图2-11　空心石膏板

2. 石膏的保存

建筑石膏在储存过程中应注意防雨、防潮，储存期一般不超过3个月。过期或受潮都会使其强度显著降低。通常建筑石膏在储存三个月后强度会降低30%。

2.3　水　玻　璃

水玻璃作为中间体，在工业上有广泛的用途。由于它可溶于水，因此在建筑上可作为渗透性良好的补强剂和防水剂，填塞混凝土的毛细孔，起到表面增硬、防水等作用。

2.3.1　水玻璃的组成及生产

1. 水玻璃的组成

水玻璃俗称泡花碱，由碱金属氧化物和二氧化硅组成，属可溶性的硅酸盐类。

根据碱金属氧化物的不同，水玻璃分为硅酸钠水玻璃（$Na_2O \cdot nSiO_2$）、硅酸钾水玻璃（$K_2O \cdot nSiO_2$）、硅酸锂水玻璃（$Li_2O \cdot nSiO_2$）等。建筑常用的是硅酸钠水玻璃，又称钠水玻璃。要求高时也用硅酸钾水玻璃，又称钾水玻璃。

2. 水玻璃的生产

水玻璃的生产分为湿法与干法。

(1) 湿法：将石英砂和苛性钠溶液在蒸压锅(2～3个大气压)内用蒸汽加热，并进行搅拌，使它们直接反应形成液体水玻璃。

(2) 干法：将石英砂和碳酸钠磨细拌匀，在熔炉中于1300～1400℃高温下熔化，生产出固体水玻璃，再将固体水玻璃装进蒸压釜中，通入水蒸气，使固体水玻璃溶解于水，获得液体水玻璃。

3. 水玻璃模数

二氧化硅(SiO_2)与氧化钠(Na_2O)的摩尔数的比值 n，称为水玻璃的模数。$n \geqslant 3$ 的水玻璃称为中性水玻璃，$n<3$ 的水玻璃称为碱性水玻璃。

水玻璃溶解于水的难易程度由水玻璃模数 n 确定。n 值越大，水玻璃越难溶于水。水玻璃的浓度越高，模数越高，则水玻璃的密度和黏度越大，硬化速度越快，硬化后的黏结力、强度、耐热性与耐酸性就越高，但水玻璃的浓度和模数不宜过高。水玻璃的浓度一般用密度来表示，通常为 $1.3 \sim 1.5 \text{g/cm}^3$，模数通常为 $2.6 \sim 3.0$。液体水玻璃可以与水按任意比例混合。

2.3.2　水玻璃的硬化

水玻璃溶液可以与空气中的二氧化碳反应，生成无定形的硅酸凝胶。随着水分的挥发，无定形硅酸凝胶脱水转变成二氧化硅而硬化，其反应式为

$$Na_2O \cdot nSiO_2 + CO_2 + mH_2O = Na_2CO_3 + nSiO_2 \cdot mH_2O$$

由于空气中二氧化碳的浓度较低，为加速水玻璃的硬化，常加入氟硅酸钠(Na_2SiF_6)作为促硬剂，加速二氧化硅凝胶的析出。其反应式为

$$2(Na_2O \cdot nSiO_2) + mH_2O + Na_2SiF_6 = (2n+1)SiO_2 \cdot mH_2O + 6NaF$$

氟硅酸钠的适宜用量为水玻璃重量的 12%～15%。

2.3.3　水玻璃的特性与应用

1. 水玻璃的特性

水玻璃在凝结、硬化后，具有以下特点。

(1) 黏结力强、强度较高。水玻璃在硬化后，其主要成分为硅酸凝胶和二氧化硅，因此具有较高的黏结力和强度。

(2) 耐酸性好。水玻璃硬化后的主要成分之一为二氧化硅，因此它可以抵抗除氢氟酸、过热磷酸以外的几乎所有的无机酸和有机酸的侵蚀。

(3) 耐热性好。水玻璃硬化后形成的二氧化硅网状骨架，在高温下强度下降不大，因此耐热性好。

(4) 耐碱性和耐水性差。水玻璃在加入氟硅酸钠后不能完全反应，因此硬化后的水玻璃中仍含有一定量的 $Na_2O \cdot nSiO_2$。因为 SiO_2 和 $Na_2O \cdot nSiO_2$ 均可溶于碱，且 $Na_2O \cdot nSiO_2$ 可溶于水，所以水玻璃硬化后不耐碱、不耐水。

2．水玻璃的应用

水玻璃在建筑方面主要有以下用途。

（1）加固土壤。将水玻璃和氯化钙溶液交替压注到土壤中，生成的硅酸凝胶和硅酸钙凝胶可使土壤固结，从而避免了由于地下水渗透引起的土壤下沉。

（2）涂刷材料表面可提高抗风化能力。水玻璃浸渍或涂刷黏土砖、水泥混凝土、硅酸盐混凝土、石材等多孔材料，可提高材料的密实度、强度、抗渗性、抗冻性及耐水性等。另外，还可以将水玻璃、粒化高炉矿渣粉、砂及氟硅酸钠按适当比例拌合后，直接压入砖墙裂缝，可起到黏结和补强的作用。

（3）配制耐酸胶泥、耐酸砂浆及耐酸混凝土。利用水玻璃的耐酸性，可配制耐酸胶泥、耐酸砂浆和耐酸混凝土。

（4）配制耐热砂浆及耐热混凝土。利用水玻璃的耐热性，可配制耐热砂浆及耐热混凝土。

（5）配制速凝防水剂。在水玻璃中加入两种、三种或四种矾，可配制二矾、三矾、四矾速凝防水剂。

（6）制作保温隔热材料。以水玻璃为胶凝材料，膨胀珍珠岩或膨胀蛭石为骨料，可制作保温隔热材料。

思 考 题

1．石灰与石膏的主要性能特点是什么？
2．石灰与石膏有哪些共性和个性？
3．石灰与石膏有哪些应用？
4．气硬性胶凝材料和水硬性胶凝材料的区别是什么？

本 章 小 结

石膏与石灰的共性与个性见表 2-8。

表 2-8　石膏与石灰的共性与个性

选项	性　质	石　膏	石　灰
共性	颜色	均为白色	
	结构特点	均为多孔结构	
	强度	强度都不高	
	耐水性	耐水性都差	
	吸水吸湿性	均有吸水吸湿性	

续表

选项	性质	石膏	石灰
个性	原料来源	生石膏	碳酸钙
	应用	单独使用可作立体制品	单独使用只可作为薄层使用
	水化热	水化放热一般	水化放热大
	收缩性	硬化后微膨胀	硬化后收缩大
	强度	抗压强度 3MPa 左右	抗压强度 0.3MPa 左右
	硬化速度	硬化速度较快	硬化慢

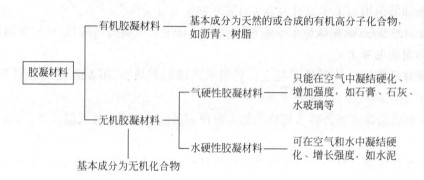

第 3 章 水 泥

【学习目标】
1. 了解水硬性材料和气硬性材料在性能上的本质区别。
2. 了解水泥的四种熟料及其特性。
3. 掌握硅酸盐水泥的性质。
4. 了解混合材料。
5. 了解不同水泥品种的特点及其应用。

水泥作为水硬性胶凝材料,与石膏、石灰等气硬性胶凝材料相比,强度和耐水性方面都更突出,所以它的应用更加广泛。

水泥的品种繁多,可以从不同角度对其进行分类。

按化学成分可分为硅酸盐系列水泥、铝酸盐系列水泥、硫铝酸盐系列水泥、铁铝酸盐系列水泥及氟铝酸盐系列水泥等;按用途可分为通用水泥、专用水泥、特性水泥。通用水泥主要指 GB 175—2007《通用硅酸盐水泥》中规定的六大类通用硅酸盐水泥,即硅酸盐水泥、普通硅酸盐水泥、矿渣硅酸盐水泥、火山灰质硅酸盐水泥、粉煤灰硅酸盐水泥和复合硅酸盐水泥;专用水泥是指用于一些特定工程的水泥,如砌筑水泥、道路水泥、大坝水泥等;特性水泥是指用于有特殊要求的工程的水泥,如膨胀水泥、彩色水泥、快硬水泥等。

本章主要介绍应用最为广泛的通用硅酸盐水泥,对一些专用水泥和特性水泥也做一些简单介绍。下面先介绍硅酸盐水泥的生产、熟料组成、水化与硬化以及技术性质,再介绍其他水泥的组成及应用。

3.1 硅酸盐水泥

硅酸盐水泥即国外通称的波特兰水泥,它有 Ⅰ 型和 Ⅱ 型两种类型,Ⅰ 型硅酸盐水泥,代号 P.Ⅰ,不掺加混合材料;Ⅱ 型硅酸盐水泥,代号 P.Ⅱ,在硅酸盐水泥熟料粉磨时掺加不超过水泥质量 5% 的石灰石或粒化高炉矿渣混合材料。

3.1.1 硅酸盐水泥的生产工艺流程

硅酸盐水泥的生产原料主要为石灰质原料(如石灰石、白垩等)和黏土质原料(如黏土、页岩等),有时为了调整化学成分还需加入少量的辅助原料(如铁矿石等)。为调整通用硅酸盐水泥的凝结时间,在生产的最后阶段还要加入石膏。硅酸盐水泥生产工艺流程就是两磨(磨细生料、磨细熟料)、一煅烧(将生料煅烧成熟料),如图 3-1 所示。

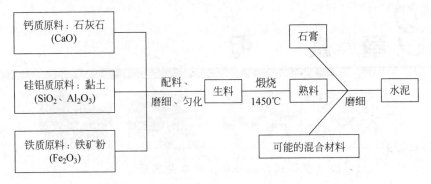

图 3-1 水泥生产流程

水泥的生产还需加入石膏,其主要作用是调节水泥的凝结时间。

3.1.2 硅酸盐水泥熟料的矿物质组成

水泥生料煅烧后成为熟料,熟料中主要包含四种矿物质,水泥水化后的产物及其性能表现主要由这几种矿物质决定(见表 3-1)。

表 3-1 水泥熟料矿物质

矿物质名称	化学式	含量范围	水化速度	水化热	强度	收缩量	耐腐蚀性
硅酸二钙	$2CaO \cdot SiO_2$ (C2S)	15%~30%	慢	低	早期低、后期高	小	好
硅酸三钙	$3CaO \cdot SiO_2$ (C3S)	40%~65%	快	高	高	中	差
铝酸三钙	$3CaO \cdot Al_2O_3$ (C3A)	7%~15%	最快	最高	低	大	最差
铁铝酸四钙	$4CaO \cdot Al_2O_3 \cdot Fe_2O_3$ (C4AF)	10%~18%	快	中等	中等	小	中等

3.1.3 硅酸盐水泥的水化、凝结及硬化

1. 硅酸盐水泥的水化

水泥加水后,水泥颗粒被水包围,其熟料矿物颗粒表面立即与水发生化学反应,生成一系列新的化合物,并放出一定的热量,这个过程即硅酸盐水泥的水化。其反应方程式如下:

$$2(3CaO \cdot SiO_2) + 6H_2O = 3CaO \cdot 2SiO_2 \cdot 3H_2O + 3Ca(OH)_2$$
$$2(2CaO \cdot SiO_2) + 4H_2O = 3CaO \cdot 2SiO_2 \cdot 3H_2O + Ca(OH)_2$$
$$3Ca \cdot Al_2O_3 + 6H_2O = 3CaO \cdot Al_2O_3 \cdot 6H_2O$$
$$4CaO \cdot Al_2O_3 \cdot Fe_2O_3 + 7H_2O = 3CaO \cdot Al_2O_3 \cdot 6H_2O + CaO \cdot Fe_2O_3 \cdot H_2O$$

为了调节水泥的凝结时间,在熟料磨细时应掺加适量(3%左右)的石膏,这些石膏与部分水化铝酸钙发生反应,生成难溶的水化硫铝酸钙的针状晶体并伴有明显的体积膨胀。

2. 硅酸盐水泥的凝结、硬化

水泥用适量的水调和后,最初形成具有可塑性的浆体,随着时间的增长,浆体失去可塑

性（但尚无强度），这一过程称为初凝。由初凝到开始具有强度时的终凝过程称为水泥的凝结。此后，产生明显的强度并逐渐发展成为坚硬的石状物——水泥石，这一过程称为水泥的硬化。硬化后的水泥是由晶体、胶体、未水化的水泥熟料颗粒、游离水分和大小不等的孔隙组成的不均质结构体，如图 3-2 所示。

(a) 未水化的　　(b) 在表面形成　　(c) 水泥凝结　　(d) 水泥硬化
水泥颗粒　　　水化物膜层

图 3-2　水泥凝结硬化进度示意图

3. 影响硅酸盐水泥凝结硬化的主要因素

（1）水泥组成成分的影响。

（2）石膏掺量的影响。石膏称为水泥的缓凝剂，主要用于调节水泥的凝结时间，是水泥中不可缺少的组成部分。

（3）水泥细度的影响。

（4）养护条件（温度、湿度）的影响。

（5）养护龄期的影响。

（6）拌和用水量的影响。

（7）外加剂的影响。

（8）储存条件的影响。

3.1.4　硅酸盐水泥的技术标准

国家标准 GB 175—2007《通用硅酸盐水泥》规定，需要对硅酸盐水泥的化学指标（包含不溶物、烧失量、三氧化硫、氧化镁含量和氯离子含量）、碱含量（选择性指标）、物理指标（包含凝结时间、体积安定性、强度、细度（选择性指标））进行检测，具体的技术指标要求见表 3-2。

表 3-2　通用硅酸盐水泥物理指标规定

品　　种	强度等级	抗压强度/MPa		抗折强度/MPa		凝结时间
		3d	28d	3d	28d	
硅酸盐水泥 （P.Ⅰ，P.Ⅱ）	42.5	≥17.0	≥42.5	≥3.5	≥6.5	初凝时间≥45min 终凝时间≤390min
	42.5R	≥22.0		≥4.0		
	52.5	≥23.0	≥52.5	≥4.0	≥7.0	
	52.5R	≥27.0		≥5.0		
	62.5	≥28.0	≥62.5	≥5.0	≥8.0	
	62.5R	≥32.0		≥5.5		

续表

品　种	强度等级	抗压强度/MPa		抗折强度/MPa		凝结时间
		3d	28d	3d	28d	
普通硅酸盐水泥 （P.O）	42.5	≥17.0	≥42.5	≥3.5	≥6.5	
	42.5R	≥22.0		≥4.0		
	52.5	≥23.0	≥52.5	≥4.0	≥7.0	
	52.5R	≥27.0		≥5.0		
其他硅酸盐水泥	32.5	≥10.0	≥32.5	≥2.5	≥5.5	初凝时间≥45min 终凝时间≤600min
	32.5R	≥15.0		≥3.5		
	42.5	≥15.0	≥42.5	≥3.5	≥6.5	
	42.5R	≥19.0		≥4.0		
	52.5	≥21.0	≥52.5	≥4.0	≥7.0	
	52.5R	≥23.0		≥4.5		

注：其他硅酸盐水泥包括矿渣硅酸盐水泥(P.S.A、P.S.B)、火山灰质硅酸盐水泥(P.P)、粉煤灰硅酸盐水泥(P.F)、复合硅酸盐水泥(P.C)。

1）细度

水泥的细度是指水泥颗粒的粗细程度，它直接影响水泥的性能。如果水泥细度不符合规定，则为不合格品。水泥细度采用筛析法或比表面积法测定。

2）凝结时间

水泥的凝结时间分为初凝时间和终凝时间。从加入拌和用水至水泥浆开始失去塑性所需的时间，称为初凝时间；自加入拌和用水至水泥浆完全失去塑性，并开始有一定结构强度所需的时间，称为终凝时间。硅酸盐水泥的初凝时间不得早于 45min，终凝时间不得迟于 6.5h。初凝时间不符合规定的水泥为废品，终凝时间不符合规定的水泥为不合格品。水泥凝结时间用凝结时间测定仪测定，水泥凝结时间测定仪如图 3-3 所示。

3）体积安定性

水泥的体积安定性是指水泥在凝结硬化过程中，水泥体积变化的均匀性。国家标准 GB/T 1346—2001《水泥标准稠度用水量、凝结时间、安定性检验方法》中规定，由于游离氧化钙引起的水泥体积安定性不良可采用沸煮法检验。沸煮法包括试饼法和雷氏法两种。

图 3-3　水泥凝结时间测定仪

4）强度及强度等级

水泥强度是表示水泥质量的重要技术指标，也是划分水泥强度等级的依据。国家标准 GB/T 17671—2021《水泥胶砂强度检验方法(ISO)》中规定，采用水泥胶砂法测定水泥强度。

5）碱的质量分数（选择性指标）

碱的质量分数是指水泥中 Na_2O 和 K_2O 的质量分数。

氧化镁、三氧化硫、安定性（即 f-CaO）、初凝时间中任一项不符合标准规定时，水泥均为废品。细度、终凝时间、强度低于规定指标的水泥为不合格品。废品水泥在工程中严禁使用。若水泥仅强度低于规定指标时，可以降级使用。

3.2 通用硅酸盐水泥

通用硅酸盐水泥是以硅酸盐水泥熟料、适量的石膏及规定掺量的混合材料制成的水硬性胶凝材料。

3.2.1 通用硅酸盐水泥系列

通用硅酸盐水泥系列共有6个品种,其品种名称、代号、组成见表3-3。

表3-3 通用硅酸盐水泥的品种、组成及代号

品 种	代号	组成(质量百分数%)				
		熟料+石膏	粒化高炉矿渣	火山灰质混合材料	粉煤灰	石灰石
硅酸盐水泥	P.Ⅰ	100				
	P.Ⅱ	≥95	≤5			
		≥95				≤5
普通硅酸盐水泥	P.O	≥80且<95	>5且≤20			
矿渣硅酸盐水泥	P.S.A	≥50且<80	>20且≤50	—		
	P.S.B	≥30且<50	>50且≤75	—		
火山灰质硅酸盐水泥	P.P	≥60且<80	—	>20且≤40		
粉煤灰硅酸盐水泥	P.F	≥60且<80			>20且≤40	
复合硅酸盐水泥	P.C	≥50且<80	>20且≤50			

3.2.2 通用硅酸盐水泥的组成材料

通用硅酸盐水泥中掺加的混合材料主要是指为改善水泥性能、调节水泥强度等级而加入的矿物质材料。根据其性能可分为活性混合材料和非活性混合材料。

1) 活性混合材料

活性混合材料是指具有火山灰性或潜在的水硬性,或兼有火山灰性和水硬性的矿物质材料,其绝大多数为工业废料或天然矿物质。活性混合材料的主要作用是改善水泥的某些性能、扩大水泥的强度等级范围、降低水化热、增加产量。

活性混合材料主要有粒化高炉矿渣和粒化高炉矿渣粉、火山灰质混合材料和粉煤灰。

(1) 粒化高炉矿渣和粒化高炉矿渣粉。粒化高炉矿渣是指将高炉炼铁的熔融矿渣经水或水蒸气急速冷却处理得到的质地疏松、多孔的粒状物。将符合要求的粒化高炉矿渣经干燥、粉磨,得到达到一定细度并且符合活性指数的粉体,这种粉体称为粒化高炉矿渣粉。

(2) 火山灰质混合材料。火山灰质混合材料泛指以活性二氧化硅及活性氧化铝为主要成分的活性混合材料。最早使用的火山灰质混合材料是天然火山灰,故而得名。火山灰质混合材料的特点是疏松、多孔、内比表面积大、易产生反应。

(3) 粉煤灰。粉煤灰是煤粉锅炉吸尘器所吸收的微细粉尘(又称为飞灰),经熔融、急速冷却而形成的富含玻璃体的球状体,其主要成分是二氧化硅和氧化铝。从化学组分来分析,粉煤灰属于火山灰质混合材料,其活性主要取决于玻璃体的含量及无定形氧化铝和二氧化硅的含量。此外,粉煤灰的结构致密性、颗粒形状及大小对其活性也有较大的影响,细小球形玻璃体含量越高,其活性越高。

2) 非活性混合材料

非活性混合材料是指在水泥中起填充作用而又不损害水泥性能的矿物质材料。它掺在水泥中的主要作用是扩大水泥的强度等级范围、降低水化热、增加产量、降低成本等。常用的非活性混合材料主要有石灰石(Al_2O_3 的含量不大于 2.5%)、砂岩及不符合质量标准的活性混合材料等。

3.2.3 普通硅酸盐水泥

由硅酸盐水泥熟料、6%~15%混合材料及适量石膏磨细制成的水硬性胶凝材料称为普通硅酸盐水泥(简称普通水泥),代号为 P.O。

1. 技术要求

细度:筛余量不超过 10.0%。

凝结时间:终凝时间不迟于 10h。

强度等级:共有 32.5、32.5R、42.5、42.5R、52.5、52.5R 六个强度等级。

2. 性质与应用

由于混合材料的掺量较少,所以普通硅酸盐水泥的性质与硅酸盐水泥略有差异,主要表现为早期强度略低;耐腐蚀性略高;耐热性稍好;水化热略低;抗冻性、耐磨性、抗碳化性略低。

在应用方面,普通硅酸盐水泥的应用范围和硅酸盐水泥基本相同。

3.2.4 矿渣硅酸盐水泥、火山灰硅酸盐水泥及粉煤灰硅酸盐水泥

1. 矿渣硅酸盐水泥

将硅酸盐水泥熟料、粒化高炉矿渣及适量石膏混合磨细制成的水硬性胶凝材料称为矿渣硅酸盐水泥(简称矿渣水泥),代号 P.S。

按照国家标准 GB 1344—2007《矿渣硅酸盐水泥、火山灰质硅酸盐水泥及粉煤灰硅酸盐水泥》的规定,水泥熟料中氧化镁的质量分数不宜超过 5.0%。矿渣水泥强度等级分为:32.5、32.5R、42.5、42.5R、52.5、52.5R。矿渣水泥的密度通常为 2.8~3.1g/cm³,堆积密度为 1000~1200kg/m³。

2. 火山灰、粉煤灰硅酸盐水泥

1) 火山灰硅酸盐水泥

将硅酸盐水泥熟料、火山灰质混合材料及适量石膏混合磨细制成的水硬性胶凝材料称为火山灰硅酸盐水泥(简称为火山灰水泥),代号为 P.P。其中火山灰质混合材料掺量的质量分数为 20%~50%。

2) 粉煤灰硅酸盐水泥

将硅酸盐水泥熟料、粉煤灰及适量石膏混合磨细制成的水硬性胶凝材料称为粉煤灰硅酸盐水泥(简称粉煤灰水泥),代号为 P.F。其中粉煤灰掺量的质量分数为 20%~40%。

3. 技术要求(与普通水泥相比)

相同点:细度、凝结时间、安定性、MgO 含量技术要求相同。

不同点:三氧化硫含量不同,其中矿渣水泥不超过 4.0%;火山灰水泥、粉煤灰水泥不超过 3.5%。

4. 性质与应用

三种水泥共性:凝结硬化慢、早期强度低、后期强度高;抗软水、海水和硫酸盐腐蚀的能力较强;水化热小;对湿热敏感,适合蒸汽养护;抗碳化能力差。

3.2.5 复合硅酸盐水泥

将硅酸盐水泥熟料、两种或两种以上规定的混合材料及适量石膏混合磨细制成的水硬性胶凝材料称为复合硅酸盐水泥(简称复合水泥),代号为 P.C。其中混合材料总掺量的质量分数应大于 15%,不超过 50%。允许用不超过 8% 的窑灰代替部分混合材料,但掺矿渣时混合材料掺量不得与矿渣硅酸盐水泥重复。

3.3 其他品种水泥

水泥具有较高的强度和耐水性,因此应用非常广泛。但普通水泥很难满足一些有特殊要求的工程,这时候就需要用到一些在某一方面具有突出性能的特性水泥或专用水泥。

1. 砌筑水泥

1) 定义

以一种或一种以上活性混合材料或具有水硬性的工业废料为主要原料,加入适量硅酸盐水泥熟料和石膏,经磨细制成的水硬性胶凝材料,称为砌筑水泥,代号为 M。

2) 强度等级

分为 12.5 级和 22.5 级。适用于工业与民用建筑的砌筑砂浆和内墙抹面砂浆;不得用于钢筋混凝土;作其他用途时,必须通过试验。

3) 技术要求

(1) 三氧化硫:水泥中三氧化硫含量不得超过 4.0%。

(2) 细度:0.08mm 方孔筛筛余不得超过 10%。

(3) 凝结时间:初凝不得早于 45min,终凝不得迟于 12h。

(4) 安定性:用沸煮法检验,必须合格。

(5) 保水性:保水率不低于 80%。

(6) 强度:各龄期强度均不得低于表 3-4 中的数值。

2. 道路硅酸盐水泥

将适当成分的生料烧至部分熔融,得到的以硅酸钙为主要成分,并含有较多铁铝酸四钙的硅酸盐水泥熟料称为道路硅酸盐水泥熟料。再将道路硅酸盐水泥熟料、0~10%活性混合材料和适量石膏混合磨细制成的水硬性胶凝材料,称为道路硅酸盐水泥(简称道路水泥),代号为PR。

(1) 特性。道路硅酸盐水泥强度较高,特别是抗折强度高、耐磨性好、干缩率低,抗冲击性、抗冻性和抗硫酸盐侵蚀能力比较好。

(2) 应用。道路硅酸盐水泥适用于水泥混凝土路面、机场跑道、车站及公共广场等工程的面层混凝土。

(3) 具体技术要求如下。

① 熟料矿物成分含量:铝酸三钙的含量不得大于5.0%,铁铝酸四钙的含量不得小于16.0%。

② 凝结时间:初凝时间不得早于1.5h,终凝时间不得迟于10h。

③ 细度:比表面积300~450m²/kg。

④ 安定性:氧化镁含量不得超过5.0%,三氧化硫含量不得超过3.5%。用沸煮法检验必须合格。

⑤ 干缩率、耐磨性:28d干缩率不得大于0.10%;耐磨性以磨损量表示,不得大于3.0kg/m²。

⑥ 强度:各标号、各龄期强度不得低于表3-4中的数值。

⑦ 含碱量:同硅酸盐水泥。

3. 中热硅酸盐水泥和低热矿渣硅酸盐水泥

中热硅酸盐水泥简称中热水泥,是将适当成分的硅酸盐水泥熟料,加入适量石膏,经磨细制成的具有中等水化热的水硬性胶凝材料,代号为P.MH。

低热硅酸盐水泥简称低热水泥,是将适当成分的硅酸盐水泥熟料,加入适量石膏,经磨细制成的具有低等水化热的水硬性胶凝材料,代号为P.LH。

低热矿渣硅酸盐水泥简称低热矿渣水泥,是将适当成分的硅酸盐水泥熟料,加入矿渣、适量石膏,经磨细制成的具有低等水化热的水硬性胶凝材料,代号为P.SLH。

低热矿渣水泥和中热硅酸盐水泥主要是通过限制水化热较高的铝酸三钙和硅酸三钙含量得以实现。

以上三种水泥的强度等级按规定龄期的抗压强度和抗折强度划分,各龄期的强度要求见表3-4,水化热要求见表3-5。

表3-4 中、低热水泥各龄期的强度要求

品　种	强度等级	抗拉强度/MPa			抗折强度/MPa		
		3d	7d	28d	3d	7d	28d
中热硅酸盐水泥	42.5	12.0	22.0	42.5	3.0	4.5	6.5
低热硅酸盐水泥	42.5	—	13.0	42.5	—	3.5	6.5
低热矿渣水泥	32.5	—	12.0	32.5	—	3.0	5.5

表3-5 中、低热水泥各龄期的水化热要求

品　种	强度等级	水化热/kJ·kg^{-1}	
		3d	7d
中热硅酸盐水泥	42.5	251	293
低热硅酸盐水泥	42.5	230	260
低热矿渣水泥	32.5	197	230

中热硅酸盐水泥的水化热较低,抗冻性和耐磨性较高,适用于大体积水工建筑水位变动区的覆面层及大坝溢流面,以及其他要求低水化热、高抗冻性和耐磨性的工程。低热硅酸盐水泥和低热矿渣水泥的水化热更低,适用于大体积建筑物或大坝内部要求水化热更低的部位。此外,这三种水泥都有一定的抗硫酸盐侵蚀能力,可用于低硫酸盐侵蚀的工程。

4. 快硬硅酸盐水泥

由硅酸盐水泥熟料和适量石膏磨细制成的、以 3d 抗压强度表示强度等级的水硬性胶凝材料称为快硬硅酸盐水泥,简称快硬水泥。

快硬水泥制造过程与硅酸盐水泥基本相同,只是适当增加了熟料中硬化较快的矿物质,如硅酸三钙为 50%~60%,铝酸三钙为 8%~14%,铝酸三钙和硅酸三钙的总量应不少于 60%~65%,同时适当增加石膏的掺量(达 8%)并提高水泥细度(通常比表面积达 $450m^2/kg$)。

(1) 快硬硅酸盐水泥的技术要求如下。

① 体积安定性:用沸煮法检验必须合格。

② 细度:快硬水泥的细度用筛余百分数表示,其值不得超过 10%。

③ 凝结时间:初凝时间不得早于 45min,终凝时间不得迟于 10h。

(2) 快硬硅酸盐水泥的性质如下。

① 水泥凝结硬化快。

② 早期强度及后期强度均高,抗冻性好。

③ 水化热大,耐腐蚀性差。

(3) 快硬硅酸盐水泥可用来配制早强、高等级的混凝土,也可用于紧急抢修工程、冬季施工以及混凝土预制构件。不能用于大体积混凝土工程及经常与腐蚀介质接触的混凝土工程。由于快硬水泥细度大,易受潮变质,故在运输和储存过程中应注意防潮,一般储期不宜超过一个月,已风化的水泥必须对其性能重新检验,合格后方可使用。

5. 铝酸盐水泥

由铝酸钙为主的铝酸盐水泥熟料,如石灰石和铝矾土磨细制成的水硬性胶凝材料称为铝酸盐水泥,代号为 CA。铝酸盐水泥按照 Al_2O_3 的含量分为四类:CA-50、CA-60、CA-70、CA-80,数字代表氧化铝的百分比含量,其各龄期强度值见表 3-6。

铝酸盐水泥呈黄、褐或灰色。GB/T 201—2015《铝酸盐水泥》规定,铝酸盐水泥细度:比表面积不小于 $300m^2/kg$ 或 0.045mm;筛余不大于 20%;标准稠度胶砂测得的凝结时间应符合以下要求:CA-50、CA-70、CA-80 铝酸盐水泥的初凝时间不早于 30min,终凝时间不迟于 6h,CA-60 铝酸盐水泥的初凝时间不早于 60min,终凝时间不迟于 18h;体积安定性必须合格。

表 3-6 铝酸盐水泥各龄期强度值

水泥类型	抗压强度/MPa				抗折强度/MPa			
	6h	1d	3d	28d	6h	1d	3d	28d
CA-50	20	40	50	—	3.0	5.5	6.5	—
CA-60	—	20	45	85	—	2.5	5.0	10.0
CA-70	—	30	40	—	—	5.0	6.0	—
CA-80	—	25	30	—	—	4.0	5.0	—

注:当用户需要时,生产厂应提供信息。

(1) 特性：快硬早强，后期强度下降，耐热性强，水化热高，放热快，抗渗性及耐腐蚀性强。

(2) 适用场景：紧急抢修的工程；临时军事工事；冬季施工的工程（其水化放热量大且集中）；有抗硫酸盐腐蚀要求的工程；极少耐高温（1300~1400℃）的工程（高温时，烧结结合代替了水化结合）。

(3) 不适用场景：长期承重的结构工程（其晶体转变会引起强度倒缩）和大体积工程（其温度过高会引起强度倒缩，与硅酸盐水泥混用）。

6. 膨胀水泥

(1) 膨胀水泥的性质如下。

① 水泥凝结硬化快。

② 早期强度及后期强度均高，抗冻性好。

③ 水化热大，耐腐蚀性差。

(2) 膨胀水泥可用来配制早强、高等级的混凝土，用于紧急抢修工程、冬季施工的工程以及混凝土预制构件。

不能用于大体积混凝土工程及经常与腐蚀介质接触的混凝土工程。由于快硬水泥细度大，易受潮变质，故在运输和储存过程中应注意防潮，一般储期不宜超过一个月，已风化的水泥必须对其性能重新检验，合格后方可使用。

7. 装饰水泥

装饰水泥属于特种水泥，具有良好的装饰性能，主要指白色硅酸盐水泥和彩色硅酸盐水泥，其水硬性物质也以硅酸盐为主。

(1) 装饰水泥的色彩。硅酸盐水泥的颜色主要由氧化铁引起。当 Fe_2O_3 含量为 3%~4%时，熟料呈暗灰色；当 Fe_2O_3 含量为 0.45%~0.7%时，熟料带淡绿色；当 Fe_2O_3 含量降低到 0.35%~0.40%后，熟料接近白色。

由此可见，白水泥的生产主要是通过降低 Fe_2O_3 的含量。此外，氧化锰、氧化钴和氧化钛也对白水泥的白度有显著影响，故其含量也应尽量减少。

(2) 彩色水泥的生产方式。彩色水泥的生产方式有以下两种。

① 混合法：将白色硅酸盐水泥熟料、优质白色石膏及颜料一起粉磨制成彩色水泥。

② 烧成法：在白水泥生料（或普通灰水泥生料）中加入金属氧化物着色剂，共同烧成后再粉磨制成彩色水泥。

两种方法的优缺点如下。

① 混合法工艺简单，但所制的彩色水泥颜色不均匀、不稳定。

② 烧成法与混合法相比，所用着色剂的量更少，可降低成本，但不易控制熟料的准确成分以及生料混合的均匀程度，窑内气氛对色彩影响也很大。总之，烧成法制备过程不易控制。还有一点需要注意，添加有机颜料一般不能用烧成法。

(3) 装饰水泥应用中出现的主要问题如下。

① 装饰水泥褪色。

② 白水泥制品泛黄。原材料中保留的少量 Fe_2O_3 所形成的铁矿物，在水泥水化时会生成铁铝酸钙和氢氧化铁凝胶。这种凝胶呈黄色，随着水分的往复会迁移至制品表面，使制品泛黄。

③ 泛碱现象。泛碱现象是水泥应用中普遍存在的问题。泛碱现象的原因是水泥水化

产生了大量的氢氧化钙,溶解后随孔隙迁移至表面,与空气中的 CO_2 反应生成白色碳酸钙覆盖在表面,像一层"霜",又称泛霜。彩色水泥的应用尤其需要抑制泛霜现象。

3.4 水泥的验收及保存

因为水泥容易受潮结块,从而影响水泥的质量,进而影响工程质量。因此,水泥的验收及保存工作非常重要。

3.4.1 水泥的验收

水泥到货后应认真验收,验收步骤如下。

1) 检查资料

根据供货单位的发货明细表及质量合格证,分别核对水泥包装上所注明的工厂名称、水泥品种、名称、代号和等级、"立窑"或"旋窑"生产、包装日期、产品编号等。

2) 数量验收

袋装水泥按袋计数验收,一般采取抽样方法,即在每垛水泥每边取一摞,计10摞共40袋过秤,以平均每袋质量乘以该垛的总袋数,即为该垛的总质量。

3) 外观质量验收

外观质量验收主要检查变质情况。

(1) 棚车到货的水泥,验收时应检查车内有无漏雨情况;敞车到货的水泥应检查有无受潮现象。受潮水泥应单独堆放并做记录。观察水泥受潮现象的方法是:首先检查纸袋是否因受潮而变色、发霉;然后用手按压纸袋,凭手感判断袋内水泥是否结块。包装袋破损应记录情况并妥善处理,如重新包装等。

(2) 散装水泥到货,应先检查车、船的密封效果,以便判断是否受潮。

(3) 中转仓库应妥善保管水泥质量证明文件,以备用户查询。

3.4.2 水泥的保存

水泥运输与储存时主要应防止受潮。不同品种、等级和出厂日期的水泥应分别储运,不得混杂,避免错用。应考虑先存先用,不可储存过久。

储存水泥的库房必须干燥,存放地面应高出室外地面30cm。若地面有良好的防潮层并以水泥砂浆抹面,可直接储存水泥,否则应用木料垫离地面20cm。袋装水泥堆垛不宜过高,一般为10袋,袋装水泥垛一般应离开墙壁和窗口30cm以上。水泥垛应设立标示牌,注明生产工厂、品种、日期、等级、出厂日期等。应尽量缩短水泥的储存期,一般不宜超过3个月,否则应重新测定强度等级,按实测强度使用。

露天临时储存袋装水泥,应选择地势高、排水良好的场地,并应上盖下垫,以防止水泥受潮。散装水泥应按品种、等级及出厂日期分库储存,同时应密封良好,严格防潮。

思 考 题

1. 作为建筑材料,水泥与石膏、石灰比较在性能上的优势是什么?
2. 硅酸盐水泥熟料矿物有哪几种?分别有什么特点?
3. 什么是水泥的体积安定性?产生安定性不良的原因是什么?
4. 影响硅酸盐水泥强度发展的主要因素有哪些?
5. 什么是水泥的混合材料?在硅酸盐水泥中掺入混合材料能起到哪些作用?

本 章 小 结

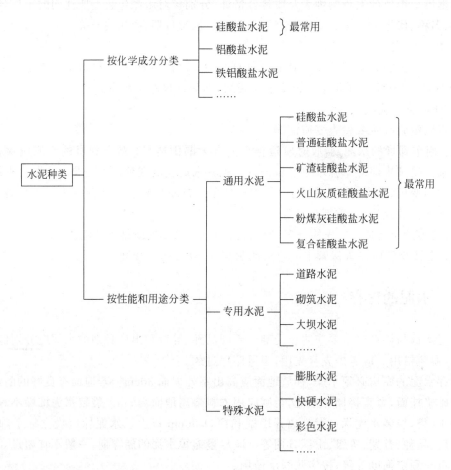

通用水泥的主要性能见表 3-7。

表 3-7 通用水泥的主要性能

水泥类型		硅酸盐水泥	普通水泥	矿渣水泥	火山灰水泥	粉煤灰水泥	复合水泥
主要成分	相同	硅酸盐水泥熟料、适量石膏					
	不同	混合料	混合料	粒化高炉矿渣	火山灰	粉煤灰	两种或以上混合材料
特性	强度	高	高	后期强度高	后期强度高	后期强度高	早期强度较高，其他与掺入主要混合材料的水泥类似
	早期强度	高	高	低	低	低	
	水化热	大	大	低	低	低	
	耐蚀性	差	差	较好	较好	好	
	耐热性	较差	较差	较好	差	较好	
	抗冻性	好	较好	差	差	差	
	耐磨性	好	较好	差	差	差	
	抗渗性	较好	较好	较差	较好	较差	
	干缩性		较大	较大	较大	较小	

第 4 章 混凝土

【学习目标】
1. 了解混凝土的优缺点。
2. 掌握混凝土的组成。
3. 了解混凝土外加剂和掺合料的作用。
4. 掌握混凝土的技术性质。
5. 掌握混凝土配合比设计方法。

4.1 混凝土概述

广义上来讲,混凝土是由胶凝材料及其他合理材料组成的混合料,经一定时间硬化后形成的具有堆聚状结构的复合材料。

狭义上来讲,混凝土是由胶凝材料(有机、无机或有机无机复合物)、颗粒状骨料,以及化学外加剂和矿物掺合料等组成的混合物,是具有堆聚状结构的复合材料。混凝土开始具有可塑性,硬化后具有一定的强度。

人们常说的普通混凝土(normal concrete)一般指以水泥为主要胶凝材料,与水、粗/细骨料混合,必要时掺入化学外加剂和矿物掺合料,按适当比例配合,经过均匀搅拌、密实成型及养护硬化而形成的人造石材。混凝土简称"砼"。

钢筋和混凝土一起使用是最常用的建筑应用形式,因此,评估混凝土性能时,要更多地考虑钢筋混凝土的性能,比如力学性能、耐久性等。

1. 混凝土的分类

1) 按所用胶凝材料分类

按所用胶凝材料的不同,混凝土可分为水泥混凝土、沥青混凝土、水玻璃混凝土、聚合物混凝土、聚合物水泥混凝土、石膏混凝土等。通常所说的混凝土是指水泥混凝土。

2) 按干表观密度分类

按表观密度 ρ_0 大小,混凝土可分为以下三类。

(1) 普通混凝土($\rho_0 = 2000 \sim 2500 \text{kg/m}^3$),用于各种承重结构。

(2) 重混凝土($\rho_0 > 2600 \text{kg/m}^3$),用于原子能工程的屏蔽材料。

(3) 轻混凝土($\rho_0 < 1900 \text{kg/m}^3$),用于高层建筑、大跨度桥梁及高强预制构件等,包括轻骨料混凝土、多孔混凝土、大孔混凝土。

3) 按生产施工工艺分类

按生产施工工艺,混凝土可分为泵送混凝土、预拌混凝土(商业混凝土)、喷射混凝土、真空脱水混凝土、自密实混凝土、堆石混凝土、压力灌浆混凝土(预填骨料混凝土)、造壳混凝土(裹砂混凝土)、离心混凝土、挤压混凝土、真空吸水混凝土、热拌混凝土和太阳能养护混凝土等。

4) 按抗压强度大小分类

按抗压强度大小,混凝土可分为低强混凝土(抗压强度<30MPa)、中强混凝土(抗压强度=30～60MPa)、高强混凝土(抗压强度≥60MPa)、超高强混凝土(抗压强度≥100MPa)等。

2. 混凝土的特点

从硬化后的混凝土可以看出,混凝土内部包含石头、砂、水泥石及一些孔隙。和玻璃这种比较致密的匀质材料相比,混凝土属于非匀质的、孔隙较多的材料。

4.2 普通混凝土的组成材料

混凝土最基本的组成材料是水泥、砂、石和水。不过现代建筑对混凝土的性能要求越来越高,在大多数情况下,除了以上四种基本组成材料之外,掺合料和外加剂也成了混凝土不可或缺的组成部分。

4.2.1 水泥

1. 水泥品种的选择

配制混凝土时,应根据工程特点和所处的环境条件,选择相应的通用水泥、特殊水泥和专用水泥,可参考表4-1进行选择。

表 4-1 各种常用水泥特性与适用范围

品　种	硅酸盐水泥	普通硅酸盐水泥	矿渣硅酸盐水泥	火山灰硅酸盐水泥	粉煤灰硅酸盐水泥
特性	早期强度高,水化热较大,抗冻性较好,耐蚀性较强,干缩性较小	与硅酸盐水泥基本相同	早期强度较低,后期强度增长快,水化热较低,耐蚀性好,耐蚀性较强,抗冻性差,干缩性较大	早期强度较低,后期强度增长快,水化热较低,耐蚀性较强,抗渗性好,抗冻性差,干缩性大	早期强度较低,后期强度增长较快,水化热较低,耐蚀性较强,干缩性较小,抗裂性较高,抗冻性差
适用范围	一般土建工程中钢筋混凝土及预应力钢筋混凝土结构,受反复冰冻作用的结构,配制高强混凝土	与硅酸盐水泥基本相同	高温车间和有耐热要求的混凝土结构,大体积混凝土结构,蒸汽养护的构件,有抗硫酸盐侵蚀要求的工程	地下、水中大体积混凝土结构和抗渗要求的混凝土结构,蒸汽养护的构件,有抗硫酸盐侵蚀要求的工程	地上、地下及水中大体积混凝土结构,蒸汽养护的构件,抗裂性要求较高的构件,有抗硫酸盐侵蚀要求的工程
不适用范围	大体积混凝土结构,受化学及海水侵蚀的工程	与硅酸盐水泥基本相同	早期强度要求高的工程,有抗冻要求的混凝土工程	处在干燥环境中的混凝土工程,其他同矿渣水泥	有抗碳化要求的工程,其他同矿渣水泥

2. 水泥强度等级的选择

水泥强度等级的选择应与混凝土的设计强度等级相适应。经验证明,不掺加减水剂和掺合料的混凝土,水泥强度等级（28d 抗压强度指标值）为混凝土强度等级的 1.5~2.0 倍为宜。若采取某些措施（如掺加减水剂和掺合料）,则主要受水灰比定则控制。

3. 水泥用量的确定

为保证混凝土的耐久性,水泥用量要满足有关技术标准的规定。如果水泥用量少于规定的最小水泥用量,应选择更高强度等级的水泥或采用其他措施使水泥用量满足规定要求。水泥的具体用量由混凝土配合比设计确定。

4.2.2 骨料

骨料分为粗骨料和细骨料。

混凝土中使用的粗骨料一般分为卵石和碎石两类（见图 4-1 和图 4-2）。卵石是指经自然风经、水流搬运、分选、堆积形成的,粒径大于 4.75mm 的岩石颗粒,按产源可分为河卵石、海卵石、山卵石等；碎石是指天然岩石、卵石或矿山废石经机械破碎、筛分制成的,粒径小于 4.75mm 的岩石颗粒。卵石、碎石按技术要求分为Ⅰ类、Ⅱ类和Ⅲ类。

图 4-1 卵石

图 4-2 碎石

混凝土中使用的细骨料主要为砂。砂按产源分为天然砂和机制砂两类。天然砂是指自然形成的、经人工开采和筛分、粒径小于 4.75mm 的岩石颗粒,包括河砂、湖砂、山砂、淡化海砂,但不包括软质、风化的岩石颗粒；机制砂是指经除土处理,由机械破碎、筛分制成的粒径小于 4.75mm 的岩石、矿山尾矿或工业废渣颗粒,但不包括软质、风化的颗粒,俗称人工砂。砂按质量要求分为Ⅰ级、Ⅱ级和Ⅲ级。

1. 粗细骨料共有的技术要求

1) 表观密度、紧密密度、堆积密度和空隙率

表观密度是指骨料颗粒单位体积（包括内封闭孔隙）的质量,单位为 kg/m^3；紧密密度是指将骨料按规定方法颠实后单位体积的质量,单位为 kg/m^3；堆积密度是指骨料在自然堆积状态下单位体积的质量,单位为 kg/m^3；空隙率是指骨料间的空隙占总体积的百分率,根据骨料的堆积方法分为堆积密度空隙率和紧密密度空隙率。

在混凝土中粗骨料主要起到骨架作用,细骨料主要用来填充粗骨料的空隙,水泥浆则用来填充细骨料的空隙,从而形成密实、坚固的整体。由此可知,粗、细骨料的级配非常重要,

要保持小的空隙率,减少水泥浆的用量,增加混凝土的密实度。

2) 坚固性

砂、石在自然风化和其他外界物理、化学因素作用下抵抗破裂的能力称为坚固性。采用硫酸钠溶液法进行实验,经5次浸泡、烘干循环过程后,砂、石的质量损失应符合标准要求。

3) 碱骨料反应

水泥、外加剂等混凝土组成物及环境中的碱与骨料中的碱性物质在潮湿环境下会缓慢发生导致混凝土开裂的膨胀性化学反应,这种反应称为碱骨料反应。

经碱骨料反应试验后,试件应无开裂、酥裂、胶体外溢等现象,在规定的试验龄期其膨胀率应小于0.01%。

4) 骨料的含水状态

骨料的含水状态可分为干燥状态、气干(风干)状态、饱和面干状态和湿润状态四种。含水率接近或等于零的为干燥状态;含水率与大气湿度平衡,但未达到饱和的为气干(风干)状态;骨料吸水达到饱和且表面干燥的为饱和面干状态;骨料吸水饱和且表面吸附一层自由水的为湿润状态。在进行混凝土配合比设计时,建筑工程常以干燥状态骨料为基准,大型水利工程常以饱和面干状态骨料为基准。

2. 粗骨料的技术要求

1) 颗粒级配和最大粒径

石子的颗粒级配分为连续粒级和单粒粒级两种。连续粒级是指颗粒从小到大连续分级,每级的颗粒都占有一定的比例(见图4-3)。连续粒级的大小颗粒搭配合理,空隙率小,使混凝土拌合物和易性较好,且不易发生分层、离析现象,在工程中应用比较广泛。

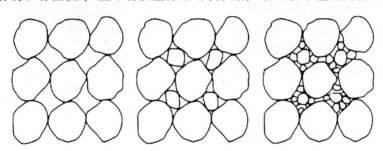

图4-3 连续粒级级配示意图

单粒粒级的石子一般不单独使用,主要用以改善级配或配制成连续级配。此外,还有一种间断级配,是指人为去除某些中间粒级的颗粒,形成不连续级配,大颗粒之间的空隙直接由粒径小很多的小颗粒填充。这种级配空隙率小,能充分发挥骨料的骨架作用。

石子的颗粒级配用筛分试验来测定,即采用孔径为2.36mm、4.75mm、9.5mm、16.0mm、19.0mm、26.5mm、31.5mm、37.5mm、53.0mm、63.0mm、75.0mm、90mm的方孔筛进行筛分(见图4-4和图4-5),然后计算出各筛的分计筛余百分率和累计筛余百分率。

粗骨料最大粒径与其总表面积、大小紧密相关。粗骨料最大粒径是指粗骨料公称粒级的上限,用D_{max}表示。当骨料最大粒径增大时,其总表面积减少,保证一定厚度润滑层所需的水泥浆数量减少。因此,在条件许可的情况下,应尽量用最大粒径的粗骨料。

图 4-4 分级筛

图 4-5 振动筛

不过粗骨料的最大粒径也不是越大越好,混凝土粗骨料的最大粒径不得超过截面最小尺寸的 1/4,且不得大于钢筋最小净距的 3/4;对于混凝土实心板,粗骨料最大粒径不宜超过板厚的 1/3,且不得超过 40mm。

混凝土粗骨料以接近球状或立方体形状为好,这样,骨料颗粒之间的空隙小,混凝土更密实,混凝土的强度也会更高。

2)针、片状颗粒

卵石、碎石颗粒的长度大于该颗粒所属相应粒级的平均粒径 2.4 倍的为针状颗粒,厚度小于平均粒径 0.4 倍的为片状颗粒,平均粒径为该颗粒所属粒级上、下限粒径的平均值,如图 4-6 所示。

针、片状颗粒由于三维尺寸相差较大,受力时易折断,且增加了石子的空隙率,对混凝土的和易性及强度均有不良影响,因此其含量应控制在标准范围内。

针、片状颗粒应用针、片状规准仪进行测定。

图 4-6 针、片状颗料

3)强度

粗骨料应具有良好的强度,以保证混凝土能够达到设计的强度和耐久性。粗骨料的强度有岩石抗压强度和压碎指标两种表示方法。在工程中一般采用压碎指标进行质量控制。

(1)岩石抗压强度。将母岩制成 50mm×50mm×50mm 的立方体或直径与高均为 50mm 的圆柱体试件,6 个一组,水中浸泡 48h 后,在压力机上按 0.5~1MPa/s 的速度均匀加荷至试件被破坏,测得其吸水饱和后的极限抗压强度,即为岩石抗压强度。

岩石的抗压强度应比所配制的混凝土强度至少高 20%。当混凝土强度等级大于或等于 C60 时,应进行岩石抗压强度检验。

(2)压碎指标。压碎指标指卵石、碎石抵抗压碎的能力。压碎指标值越小,则表示石子抵抗压碎的能力越强。

将约 3kg 风干状态下粒径为 9.5~19.0mm 的石子(剔除针、片状颗粒)装入标准圆模内,在压力机上以 1kN/s 速度均匀加荷至 200kN 并稳压 5s,卸载后称取试样质量,然后用孔径为 2.36mm 的筛筛除被压碎的颗粒,称出筛上剩余的试样质量,经计算得出压碎指标。

4）含泥量、泥块含量、有害物质含量

含泥量：指碎石、卵石中粒径小于 0.075mm 颗粒的含量。

泥块含量：指碎石、卵石中原粒径大于 4.75mm，经水浸洗，手捏后变成小于 2.36mm 的颗粒含量。

含泥量、泥块含量越大，对于水的吸附就越大，用水量就会增加，保塌性就会越差，混凝土的强度就会受到影响，从而导致混凝土出现坍塌的问题。因此，含泥量、泥块含量应控制在标准允许范围内。

卵石、碎石中不应混有草根、树叶、树枝、塑料、煤块等杂物，其有害物质含量应符合标准规定。

3. 细骨料的技术指标

1）细度模数和颗粒级配

砂的粗细程度指不同粒径的砂粒混合在一起的平均粗细程度。在砂用量相同的条件下，若砂子过细，则砂的总表面积较大，需要包裹砂粒表面的水泥浆的数量较多，水泥用量就多；若砂子过粗，虽能少用水泥，但混凝土拌合物黏聚性较差，容易发生分层离析现象。所以，用于混凝土的砂粗细应适中，常用砂的细度模数来表示。

砂的颗粒级配，即表示砂中大小颗粒的搭配情况。在混凝土中砂粒之间的空隙是由水泥浆所填充，为达到节约水泥和提高强度的目的，应尽量减小砂粒之间的空隙。要减小砂粒间的空隙，就必须有大小不同的颗粒搭配。

因此，在拌制混凝土时，砂的颗粒级配和粗细程度应同时考虑。用较多的粗粒径砂，并以适当的中粒径砂及少量细粒径砂填充其空隙，可使砂的空隙及总表面积均较小。这样的砂不仅水泥浆用量较少，而且还可提高混凝土的密实度与强度。

砂的粗细程度和颗粒级配通常用筛分析的方法进行测定。GB/T 14684—2022《建筑用砂》规定，砂的筛分析法是用 4.75mm、2.36mm、1.18mm、600μm、300μm 和 150μm 的方孔筛，将 500g 干砂样由粗到细依次过筛，然后称取留在各筛上砂的筛余量和筛底盘中砂的质量，计算累计筛余百分率（各筛及比该筛粗的所有筛的分计筛余百分率之和）。

砂的粗细程度用细度模数 M_x 表示，细度模数越大，表示砂越粗。按细度模数可将砂分为粗、中、细三种规格，粗砂＝3.7～3.1，中砂＝3.0～2.3，细砂＝2.2～1.6。

根据砂的筛分结果进行分区，当采用Ⅰ区砂时，应提高砂率，并保证足够的水泥用量，满足混凝土的和易性；当采用Ⅲ区砂时，宜适当降低砂率；泵送混凝土宜采用Ⅱ区砂。

2）含泥量、泥块含量、石粉含量

含泥量：指天然砂中粒径小于 0.075mm 的颗粒含量。

泥块含量：指砂中原粒径大于 1.18mm，经水浸洗，手捏后小于 0.06mm 的颗粒含量。

石粉含量：指机制砂中粒径小于 0.075mm 的颗粒含量。石粉含量限值根据亚甲蓝法测定的值确定。

3）有害物质

机制砂中不应混有草根、树叶、树枝、塑料、煤块、炉渣、沥青等杂物，也不应含有云母、轻物质、有机物、硫化物及硫酸盐、氯化物等有害物质。

4）压碎指标

压碎指标指人工砂、碎石或卵石抵抗压碎的能力。

机制砂的坚固性除了要采用硫酸钠溶液法进行试验外,还应满足压碎指标的要求。

4.2.3 拌合用水及养护用水

混凝土拌合用水及养护用水应符合 JGJ 63—2006《混凝土拌合用水标准》的规定。凡符合国家标准的生活饮用水,均可拌制混凝土。

混凝土拌合用水按水源可分为饮用水、地表水、地下水、海水以及经适当处理或处置后的工业废水。

对混凝土拌合及养护用水质量的要求是:不得影响混凝土的和易性及凝结;不得损害混凝土强度及污染表面;不得降低混凝土的耐久性和腐蚀钢筋及导致预应力钢筋脆断。

海水中含有硫酸盐、镁盐和氯化物,对水泥石有侵蚀作用,对钢筋也会造成锈蚀,因此不得用于拌制钢筋混凝土和预应力混凝土工程。

4.2.4 掺合料

混凝土掺合料是指为了改善混凝土性能,节约用水,调节混凝土强度,在混凝土拌合时掺入的天然或人工的、能改善混凝土性能的粉状矿物质。

掺合料可分为活性矿物质掺合料和非活性矿物质掺合料。活性矿物质掺合料本身不硬化或者硬化速度很慢,但与石灰、消石灰等钙质材料加水拌合后,能够凝结硬化进而产生强度;与水泥水化生成的氢氧化钙起反应,也可生成具有胶凝能力的水化产物,如粉煤灰、粒化高炉矿渣粉、沸石粉、硅灰等。

非活性矿物质掺合料是指掺入水泥中的、主要起填充作用,而又不损害水泥性能的矿物质掺合料。非活性掺合料基本不与水泥组分发生反应,如石灰石、磨细石英砂等材料。

常用的混凝土掺合料有粉煤灰、粒化高炉矿渣、火山灰类物质,尤其是粉煤灰、超细粒化电炉矿渣、硅灰等应用效果更好。

1. 粉煤灰

粉煤灰是指从煤粉炉烟道中收集的粉末,按煤种和氧化钙含量分为F类和C类。F类粉煤灰是指由无烟煤或烟煤燃烧收集的粉煤灰;C类粉煤灰是指氧化钙含量大于10%,由褐煤或次烟煤燃烧收集的粉煤灰。

粉煤灰掺入混凝土中,可以改善混凝土拌合物的和易性、可泵性和可塑性,降低混凝土的水化热,提高混凝土的弹性模量,同时提高混凝土抗化学侵蚀性、抗渗性、耐久性,并抑制碱骨料反应。粉煤灰取代混凝土中部分水泥后,混凝土的早期强度有所降低,但后期强度可以赶上甚至超过未掺入粉煤灰的混凝土。

2. 磨细矿渣粉

磨细矿渣粉是指将粒化高炉矿渣经磨细而制成的粉状掺合料,其主要化学成分为 CaO、SiO_2、Al_2O_3,三者的总量占90%以上,另外含有 Fe_2O_3 和 MgO 等氧化物及少量 SO_3。磨细矿渣粉活性较粉煤灰高,掺量也比粉煤灰大。磨细矿渣粉可以等量取代水泥,使混凝土的多项性能得以显著改善,如大幅提高混凝土强度、提高混凝土耐久性和降低水泥水化热等。

3. 硅灰

硅灰是指在生产硅铁、硅钢或其他硅金属时，高纯度石英和煤在电弧炉中还原所得到的、以无定形 SiO_2 为主要成分的球状玻璃体颗粒粉尘。硅灰中无定形 SiO_2 的含量在 90% 以上。

硅灰活性极高，火山灰活性指标高达 110%。硅灰中的 SiO_2 在水化早期就可与 $Ca(OH)_2$ 发生反应，可配制出 100MPa 以上的高强混凝土。硅灰取代水泥后，其作用与粉煤灰类似，可改善混凝土拌合物的和易性，降低水化热，提高混凝土抗化学侵蚀性、抗冻性、抗渗性，抑制碱骨料反应，且效果比粉煤灰好得多。另外，硅灰掺入混凝土中，可提高混凝土的早期强度。

4.2.5 外加剂

通常将在混凝土拌合过程中掺入的、用以改善混凝土性能的物质称为混凝土外加剂，其掺量一般不大于水泥重量的 5%（特殊情况除外）。

混凝土中使用的外加剂应满足相应的技术规范要求。外加剂的品种繁多，根据其主要功能大致分为以下几种。

(1) 改变新拌混凝土、砂浆的流变性能的外加剂，如减水剂、泵送剂等。
(2) 改变混凝土、砂浆空气（或其他气体）含量的外加剂，如引气剂、消泡剂、发泡剂等。
(3) 调节混凝土、砂浆凝结硬化速度的外加剂，如缓凝剂、调凝剂等。
(4) 改变混凝土、砂浆耐久性的外加剂，如防水剂、碱骨料反应抑制剂等。
(5) 为混凝土提供特殊性能的外加剂，如着色剂、膨胀剂、阻锈剂等。

1. 减水剂

减水剂是工程中应用最广泛的一种外加剂，是指在混凝土拌合物坍落度（表示混凝土流动性的指标）基本相同的条件下，能减少拌合用水量的外加剂。在拌合物用水量不变时，混凝土流动性显著增大，混凝土拌合物坍落度可增大 100~200mm；保持混凝土拌合物坍落度和水泥用量不变，可减水 5%~30%，混凝土强度可提高 5%~25%，特别是早期强度会显著提高；保持混凝土强度不变时，可节约水泥用量 5%~25%。

2. 早强剂

早强剂是指能加速混凝土早期强度发展的外加剂。早强剂能促进水泥的水化和硬化，提高早期强度，缩短养护周期，提高模板和场地周转率，加快施工速度。常用的早强剂有氯盐类、硫酸盐类、有机胺类以及它们的复合类。

3. 引气剂

引气剂是指在搅拌混凝土过程中能引入大量均匀分布、稳定且封闭的微小气泡（直径为 10~100μm）的外加剂。混凝土引气剂有松香树脂类、烷基苯磺酸盐类、脂肪醇磺酸盐类、蛋白质盐及石油磺酸盐等，其中以松香树脂类应用最为广泛，这类引气剂的主要品种有松香热聚物和松香皂两种。

4. 缓凝剂

缓凝剂是指能延缓混凝土凝结时间，而不显著影响混凝土后期强度的外加剂。缓凝剂分为无机和有机两大类。有机缓凝剂包括木质素磺酸盐、羟基、羧基及其盐、糖类及碳水化合物、多元醇及其衍生物等；无机缓凝剂包括硼砂、氯化锌、碳酸锌、硫酸盐（铁、铜、锌、镉等）、磷酸盐及偏磷酸盐等。

5. 速凝剂

速凝剂是指能使混凝土迅速凝结硬化的外加剂。大部分速凝剂的主要成分为铝酸钠（铝氧熟料），此外还有碳酸钠、铝酸钙、氟硅酸锌、氟硅酸镁、氯化亚铁、硫酸铝、三氯化铝等盐类。

6. 防水剂

防水剂是指能降低混凝土在静水压力下的透水性的外加剂，包括以下四类。

（1）无机化合物类：氯化铁、硅灰粉末、锆化合物等。

（2）有机化合物类：脂肪酸及其盐类、有机硅表面活性剂（甲基硅醇钠、乙基硅醇钠、聚乙基羟基硅氧烷）、石蜡、沥青、橡胶及水溶性树脂乳液等。

（3）混合物类：无机类混合物、有机类混合物、无机类与有机类混合物。

（4）复合类：上述各类与引气剂、减水剂、调凝剂（指缓凝剂和速凝剂）等外加剂复合的复合型防水剂。

7. 泵送剂

泵送剂是指能改善混凝土拌合物泵送性能的外加剂，可单独使用或与减水剂、缓凝剂、引气剂等复合使用。泵送剂适用于工业与民用建筑及其他构筑物的泵送施工的混凝土、滑模施工、水下灌注桩混凝土等工程，特别适用于大体积混凝土、高层建筑和超高层建筑等工程。

8. 防冻剂

防冻剂是指能使混凝土在负温下硬化，并在规定时间内达到足够防冻强度的外加剂。常用防冻剂由多组分复合而成，主要组分的常用物质及其作用如下。

（1）防冻组分：如氯化钙、氯化钠、亚硝酸钠、硝酸钠、硝酸钾、硝酸钙、碳酸钾、硫代硫酸钠和尿素等。其作用是降低混凝土中液相的冰点，使负温下的混凝土内部仍有液相存在，水泥能继续水化。

（2）引气组分：如松香热聚物、木钙和木钠等。其作用是在混凝土中引入适量的封闭微小气泡，减轻冰胀应力。

（3）早强组分：如氯化钠、氯化钙、硫酸钠和硫代硫酸钠等。其作用是提高混凝土早期强度，增强混凝土抵抗冰冻破坏的能力。

（4）减水组分：如木钙、木钠和萘系减水剂等。其作用是减少混凝土拌合用水量，以减少混凝土内的成冰量，并使冰晶粒度细小且均匀分散，减小对混凝土的膨胀应力。

防冻剂包括强电解质无机盐类、水溶性有机化合物类、有机化合物与无机盐复合类、复合型四类。

9. 膨胀剂

膨胀剂是指能使混凝土产生一定体积膨胀的外加剂。混凝土中采用的膨胀剂有硫铝酸钙类、氧化钙类和硫铝酸钙—氧化钙类三类。常用的膨胀剂有明矾石膨胀剂（明矾石＋无水石膏或二水石膏）、CSA（蓝方石 $3CaO \cdot 3Al_2O_3 \cdot CaSO_4$＋生石灰＋无水石膏）、UEA（无水硫铝酸钙+明矾石+石膏)、M型膨胀剂(铝酸盐水泥+二水石膏)。此外还有 AEA(铝酸钙膨胀剂)、SAEA(硅铝酸盐膨胀剂)、CEA(复合膨胀剂)等。

4.3 混凝土拌合物的性能

混凝土搅拌后尚未凝结硬化的混合物称为拌合物,又称为新拌制的混凝土。新拌制的混凝土应具有一定的弹性、塑性和黏性,这些性质综合起来称为和易性。

和易性又叫工作性,是指混凝土易于搅拌、运输、浇注及振捣,成型密实、质量均匀的性能。和易性通常包括流动性、黏聚性和保水性三个方面。

4.3.1 混凝土拌合物的基本性能

(1) 流动性。指混凝土拌合物在自重或施工机械振捣的作用下,产生流动并均匀密实地填满模板各个角落的能力。流动性的大小反映混凝土拌合物的稀稠程度,又称为稠度。它可以影响施工捣实的难易和灌筑的质量。流动性一般以坍落度的大小来表示。

(2) 黏聚性。指混凝土拌合物所表现的黏聚力。这种黏聚力使混凝土在受作用力后不致出现离析现象。

(3) 保水性。指混凝土拌合物保持水分不易析出的能力。保持水分的能力一般以稀浆析出的程度来测定。

4.3.2 有关黏聚性和保水性的相关术语

(1) 分层。指混凝土拌合物粗骨料下沉,砂浆或水泥净浆上浮,从而导致混凝土沿垂直方向不均匀分布的现象。

(2) 离析。指混凝土拌合物在运动过程中(压力作用下在泵管中流动,自重或机械振捣作用下在模板中流动),粗骨料、细骨料及水泥浆运动速度不相同,从而导致它们相互分离的现象。

(3) 泌水。指混凝土拌合物中的拌合水,在毛细管力作用下,沿混凝土中的毛细管通道,向上泌至拌合物表面,导致拌合物表层部分水灰比大幅度增加或出现一层清水的现象,如图 4-7 所示。

图 4-7 混凝土泌水现象

4.3.3 影响混凝土和易性的主要因素

1. 水泥浆量

水泥浆量是指混凝土中水泥及水的总量。混凝土拌合物中的水泥浆,赋予混凝土拌合物一定的流动性。在水灰比不变的情况下,水泥浆越多,则拌合物的流动性越大。但若水泥浆过多，使拌合物的黏聚性变差，也会影响施工质量。

2. 水灰比

水与水泥的质量比称为水灰比。在水泥用量不变的情况下，水灰比越小，水泥浆越稠，混凝土拌合物的流动性便越小。但水灰比过大，又会造成混凝土拌合物的黏聚性和保水性不良，从而产生流浆、离析现象，并严重影响混凝土的强度。一般水灰比在 0.45～0.55 的范围内，混凝土拌合物可以得到较好的技术经济效果，和易性也比较理想。

3. 砂率

砂率是指砂的用量占砂石总用量的百分数，它表示混凝土中砂、石组合或配合程度。砂率在混凝土拌合物的流动性上有两方面影响，一方面是砂形成的砂浆可减少粗骨料之间的摩擦力，在拌合物中起润滑作用，所以在一定范围内随砂率增大，润滑作用越加显著，流动性越高；另一方面在砂率增大的同时，骨料的总表面积随之增大，包裹骨料的水泥层变薄，拌合物流动性降低。为保证混凝土拌合物的质量，砂率不可过大，也不可过小，应通过试验确定最佳砂率。

此外，水泥种类和细度，石子种类、粒形和级配，以及外加剂等都会对拌合物的和易性产生影响，所以了解混凝土拌合物的基本性能和影响因素更有利于配比出合适的混凝土。

4.3.4 测定混凝土和易性的方法

通常将测试混凝土拌合物的流动性作为和易性的一个评价指标，辅以直观经验观察黏聚性和保水性，来综合判断混凝土拌合物和易性的优劣。常用方法有坍落度筒法和维勃稠度法。

1. 坍落度筒法

坍落度的测试方法如图 4-8 所示。用一个上口 100mm、下口 200mm、高 300mm 喇叭状的坍落度筒，将拌好的混凝土分三层均匀装入标准坍落度筒中，每装一层混凝土拌合物，应用捣棒由边缘到中心按螺旋形均匀插捣 25 次，捣实后每层混凝土拌合物试样高度约为筒高的三分之一。插捣底层时，捣棒应贯穿整个深度，插捣第二层和顶层时，捣棒应插透本层至下一层的表面。顶层混凝土拌合物装料应高出筒口，插捣过程中，混凝土拌合物低于筒口时，应随时添加。顶层插捣完后，取下装料漏斗，将多余混凝土拌合物刮去，并沿筒口抹平。垂直提起坍落度筒，待变形稳定后，测定拌合物坍下高度，即坍落度值，用此表示拌合物流动性的大小。用捣棒轻敲拌合物，若拌合物缓缓坍落，则黏聚性好；若崩坍，则黏聚性差。观察拌合物周边是否有大量的清水流出，若有，则保水性不好；若没有，则保水性好，如图 4-9 所示。

图 4-8 坍落度测试

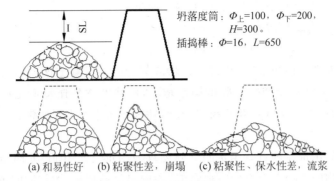

(a) 和易性好　(b) 粘聚性差，崩塌　(c) 粘聚性、保水性差，流浆

图 4-9　和易性判定

混凝土拌合物的坍落度应根据建筑物的结构断面、钢筋含量、运输距离、浇注方法、运输方式、振捣能力和气候等条件决定，在选定配合比时应综合考虑，并采用较小的坍落度。

坍落度筒法适用于流动性较大的混凝土拌合物（坍落度值不小于 10mm，骨料粒径不大于 40mm）。

2．维勃稠度法

维勃稠度法是采用维勃稠度仪测定（见图 4-10）和易性。其方法是：在坍落度筒中按规定方法装满拌合物，提起坍落度筒，在拌合物试体顶面放一透明圆盘（透明圆盘直径为 (230±2)mm，厚度为 (10±2)mm），开启振动台，同时用秒表计时，当透明圆盘的底面被水泥浆布满的瞬间停止计时，并关闭振动台。由秒表读出时间即为该混凝土拌合物的维勃稠度值，精确至 1s。

图 4-10　维勃稠度仪

维勃稠度法适用于骨料最大粒径不超过 40mm、维勃稠度在 5～30s 之间的混凝土拌合物的稠度测定。坍落度值不大于 50mm 的混凝土拌合物、干硬性混凝土拌合物和维勃稠度大于 30s 的特干硬性混凝土拌合物的稠度可采用增实因数法来测定。混凝土拌合物的维勃稠度越大，其坍落度越小。

4.3.5　调整混凝土和易性的措施

混凝土和易性必须兼顾流动性、黏聚性和保水性，并考虑对混凝土强度、耐久性的影响。其主要调整措施有以下几种。

(1) 通过试验采用合理的砂率，以提高混凝土质量和节约水泥。
(2) 适当采用较粗的、级配良好的粗细骨料。
(3) 在水灰比或水胶比不变的情况下，调整拌合物水泥浆量的大小。
(4) 掺加适量的矿物掺合料。
(5) 选择合理的外加剂，调整外加剂配方及掺量。

4.3.6　混凝土的凝结时间

混凝土的水灰比、环境温度和外加剂的性能等均可对混凝土的凝结时间产生较大的影响。水灰比增大,水泥水化产物之间的间距增大,水化产物黏连及填充颗粒间隙的时间延长,凝结时间相应越长;环境温度升高,水泥水化和水分蒸发加快,凝结时间缩短。缓凝剂会明显延长凝结时间,速凝剂会显著缩短凝结时间。

混凝土拌合物的凝结时间通常用贯入阻力仪来测定。先用 5mm 的圆孔筛从混凝土拌合物中筛取砂浆,按一定的方法装入规定的容器中,然后每隔一定时间测定砂浆贯入一定深度的贯入阻力。绘制贯入阻力与时间的关系曲线。以贯入阻力 3.5MPa 和 28.0MPa 画两条平行于时间坐标的直线,直线与曲线交点的时间分别为混凝土拌合物的初凝时间和终凝时间。

4.4　硬化后混凝土的性能

硬化后混凝土的性能主要是指混凝土的力学性能和耐久性能。

4.4.1　混凝土的力学性能

1. 混凝土的强度

强度是混凝土最重要的力学性质,混凝土主要用于承受荷载或抵抗各种作用力。混凝土强度与混凝土的其他性能密切相关,一般来说,混凝土的强度越高,其刚性、抗渗性、抗风化性及抗侵蚀性也越高。通常用混凝土强度来评定和控制混凝土的质量。

在土木工程结构和施工验收中,常用的强度有立方体抗压强度、轴心抗压强度、抗拉强度和抗折强度等。其中混凝土的抗压强度是结构设计的主要参数,也是混凝土质量评定的重要指标。

1) 混凝土立方体抗压强度及强度等级

混凝土立方体试件单位面积上所能承受的最大压力即为混凝土抗压强度,立方体抗压强度用符号 C 表示。按混凝土立方体抗压强度标准值来划分,普通混凝土可划分为以下强度等级:C10、C15、C20、C25、C30、C35、C40、C45、C50、C55、C60 等。

混凝土立方体抗压强度的测定方法如下:按照标准制作方法制成边长为 150mm 的立方体试件,将其在标准条件(温度 20±2℃,相对湿度 95% 以上)下养护至 28d 龄期,然后按照标准试验方法测得抗压强度值,用 f_{cu} 表示。测定混凝土立方体抗压强度时,也可根据粗骨料的最大粒径选用不同的试件尺寸,然后将测定结果换算成相当于标准试件的强度值。

150mm×150mm×150mm 试件为标准试件,强度系数为 1.0。非标准试件 100mm×100mm×100mm 的强度系数为 0.95;200mm×200mm×200mm 的强度系数为 1.05。当混凝土强度等级≥C60 时,宜采用标准试件。

测定混凝土试件的强度时,试件的尺寸和表面状况等对测试结果均会产生较大影响。

混凝土立方体试件尺寸较大时,环箍效应的作用相对较小,测得的抗压强度偏低;反之测得的抗压强度偏高。另外,由于混凝土试件内部不可避免地存在一些微裂缝、孔隙等缺陷,所以易产生应力集中的现象。大尺寸试件存在缺陷的概率较大,使测定的强度值也偏低。如果试件表面凹凸不平,环箍效应小,并有明显应力集中现象,测得的强度值会显著降低。

2) 混凝土轴心抗压强度

轴心抗压强度是指棱柱体试件轴向单位面积上所能承受的最大压力。

根据 GB/T 50081—2002《普通混凝土力学性能试验方法标准》规定,混凝土轴心抗压强度采用 150mm×150mm×300mm 的棱柱体作为标准试件,在标准条件(温度 20±2℃,相对湿度 95% 以上)下养护至 28d 龄期,然后按照标准试验方法测得,用 f_c 表示。测定混凝土轴心抗压强度时,也可以采用非标准尺寸试件,但要求高宽比为 $h/a=2\sim3$。当 $f_c < f_{cu}$ 时,主要是环箍效应较弱;当 $f_{cu}=10\sim55$MPa 时,轴心抗压强度 $f_c \approx (0.70\sim0.80)f_{cu}$。

3) 混凝土抗拉强度

混凝土抗拉强度很低,只有抗压强度的 1/10~1/20,且混凝土强度等级越高,其比值越小。因此,在钢筋混凝土结构设计中,一般不考虑混凝土承受的拉力,但抗拉强度对混凝土的抗裂性具有重要意义,是结构设计中确定混凝土抗裂度的重要指标。

由于混凝土是脆性材料,其直拉强度不易测定,因此常采用劈裂抗拉强度来评定抗拉强度。劈裂抗拉强度测定使用 150mm×150mm×150mm 试件,必要时也可用 100mm×100mm×100mm 试件。其计算公式为

$$f_{ts}=2P/\pi A=0.637P/A$$

式中,P——破坏荷载,N;

A——试件的劈裂面面积,mm^2。

4) 混凝土抗折强度

混凝土抗折强度是指受弯状态下混凝土抵抗外力的能力。由于混凝土为典型的脆性材料,在断裂前无明显的弯曲变形,故称为抗折强度。

通常混凝土的抗折强度是使用 150mm×150mm×600mm(或 550mm)的试件,在三分点加荷载状态下测得。

5) 混凝土与钢筋的黏结强度

在钢筋混凝土结构中,混凝土用钢筋增强。为使钢筋混凝土这类复合材料更加有效地工作,混凝土与钢筋之间必须要有适当的黏结强度,这种黏结强度主要来源于混凝土与钢筋之间的摩擦力、钢筋与水泥之间的黏结力、水泥与钢筋表面的机械啮合力。黏结强度与混凝土质量有关,与混凝土抗压强度成正比。此外,黏结强度还受其他许多因素影响,如钢筋尺寸及钢筋种类、钢筋在混凝土中的位置(水平钢筋或垂直钢筋)、加载类型(受拉钢筋或受压钢筋)、环境(干湿变化或温度变化)等。

2. 影响混凝土强度的因素

1) 水泥强度和水灰比

水泥强度等级是影响混凝土强度非常重要的一个因素。水灰比相同时,水泥强度等级越高,水泥石本身的强度及与骨料的黏结强度越高,混凝土的强度就越高。

水灰比越小,配制的混凝土强度越高;反之,混凝土的强度越低。

2）骨料的品种、质量及数量

骨料的强度、级配、粒径、形状和表面状况等都不同程度地影响着混凝土的强度。骨料的强度一般大于水泥石的强度，骨料强度越高，所能配制的混凝土强度也越高。

骨料级配良好，砂率适当，可组成坚硬紧密的骨架，有利于混凝土强度的提高。增大骨料最大粒径可以降低混凝土的需水量，在混凝土和易性不变的情况下，可相应地降低水灰比，从而提高混凝土强度。水灰比较低的中强和高强混凝土，由于粒径效应，随骨料颗粒粒径的增大，混凝土强度有下降的趋势，故在配制高强混凝土时，应选用最大粒径较小的粗骨料。

碎石表面粗糙且富有棱角，与水泥石的黏结力较大，且骨料颗粒间有嵌固作用，所以在配合比相同的条件下，碎石混凝土的强度比卵石混凝土的强度高。

3）养护条件

混凝土的养护条件是指混凝土所处的环境温度和湿度。温度高，水泥水化速度快，早期强度高，但后期强度增进率低。为加快水泥的水化速度，可采用湿热养护的方法，即蒸汽养护或蒸压养护。湿度通常是指空气相对湿度，相对湿度低，混凝土中的水分挥发快，混凝土会因缺水而停止水化，从而导致强度发展受阻。一般情况下，湿度越大，保湿养护时间越长，混凝土强度越高。

4）龄期

龄期是指混凝土在正常养护条件下所经历的时间。在正常养护条件下，混凝土强度将随着龄期的增长而增长。混凝土早期强度增长快，28d 以后强度增长缓慢，60d 以后强度增长更为缓慢。

5）施工质量

在施工过程中，必须将混凝土拌合物搅拌均匀，浇筑后必须捣固密实，才能使混凝土达到预期强度。

机械搅拌和捣实的力度比人力要强，因此，采用机械搅拌的拌合物比人工搅拌的拌合物更均匀，采用机械捣实的混凝土也比人工捣实的混凝土更密实。

改变施工工艺可提高混凝土强度，如分次投料搅拌工艺、高速搅拌工艺、高频或多频振捣器、二次振捣工艺等都能有效地提高混凝土强度。

3．提高混凝土强度的措施

（1）采用高强度等级水泥或早强型水泥。在混凝土配合比不变的情况下，采用高强度等级水泥可提高混凝土的强度；采用早强型水泥可提高混凝土的早期强度。

（2）掺入合适的矿物质掺合料。在混凝土配合比不变的情况下，以合适种类和数量的矿物质掺合料取代部分水泥，可提高混凝土的后期强度。

（3）采用有害杂质少、级配良好的骨料。

（4）降低混凝土的水灰比。通过掺加减水剂的方法，在保持水泥用量和混凝土工作性能不变的情况下，可减少用水量，从而降低水灰比，提高混凝土强度。

（5）采用机械搅拌和机械振捣工艺。

（6）保持合理的养护温度和湿度，必要的情况下采用蒸汽养护和蒸压养护等湿热养护措施。

4.4.2 混凝土的变形性能

混凝土的变形性能是指混凝土在硬化和使用过程中,由于受到物理、化学和力学等因素的作用,发生的各种变形,包括非荷载作用下的变形和荷载作用下的变形。

1. 非荷载作用下的变形

1) 化学收缩

由于水泥水化生成物的体积比反应前物质的总体积小,从而引起混凝土的收缩称为化学收缩。化学收缩值很小,一般小于1%,对混凝土结构没有破坏作用。混凝土的化学收缩是不可恢复的。

2) 干湿变形

混凝土因周围环境湿度的变化,产生的干燥收缩和湿胀,统称为干湿变形。混凝土在水中硬化时,由于凝胶体中的胶体粒子表面的吸附水膜增厚,胶体粒子之间距离增大,引起混凝土产生微小的膨胀,即湿胀。湿胀对混凝土无危害。混凝土在空气中硬化时,首先失去自由水;继续干燥时,毛细管水蒸发,使毛细孔中形成负压产生收缩;再继续干燥则吸附水蒸发,引起凝胶体失水而紧缩。以上这些作用的结果导致混凝土产生干缩变形。混凝土的干缩变形在重新吸水后大部分可以恢复,但不能完全恢复。

3) 碳化收缩

混凝土的碳化是指混凝土内水泥石中的 $Ca(OH)_2$ 与空气中的 CO_2,在湿度适宜的条件下发生化学反应,生成 $CaCO_3$ 和 H_2O 的过程,也称为中性化。碳化收缩会在混凝土表面产生拉应力,导致混凝土表面产生微细裂纹。

4) 温度变形

混凝土同其他材料一样,也会随着温度的变化而产生热胀冷缩变形。混凝土的温度膨胀系数为 $0.7 \times 10^{-5} \sim 1.4 \times 10^{-5}/℃$,一般取 $1.0 \times 10^{-5}/℃$,即温度每改变 $1℃$,1m 混凝土将产生 0.01mm 膨胀或收缩变形。

2. 荷载作用下的变形

1) 在短期荷载作用下的变形

在短期荷载作用下,混凝土的变形主要是弹塑性变形。混凝土是一种弹塑性物体,静力受压时,既产生弹性变形,又产生塑性变形,其应力与应变的关系是一条曲线。卸荷后混凝土的弹性变形可恢复,塑性变形不可恢复。

2) 在长期荷载作用下的变形

混凝土在长期荷载作用下会发生徐变。徐变是指混凝土在长期恒载作用下,随着时间的延长,沿作用力的方向发生的变形,即随时间而发展的变形。

混凝土的徐变对混凝土及钢筋混凝土结构的影响有有利的一面,也有不利的一面。徐变有利于削弱由温度、干缩等引起的约束变形,从而防止裂缝的产生。但在预应力结构中,徐变将产生应力松弛,引起预应力损失。在钢筋混凝土结构设计中,要充分考虑徐变的影响。

4.4.3 混凝土的耐久性能

混凝土的耐久性是指材料在外部和内部不利因素的长期作用下,保持其原有性能和作用的性质。简单来说,耐久性是指混凝土在长期使用中能保持质量稳定的性质,包括抗渗性、抗冻性、抗碳化、抗侵蚀、抗碱骨料反应、抗表面磨损等。

高耐久性的混凝土是现代高性能混凝土发展的主要方向,它不但可以保证建筑物、构筑物能安全长期地使用,同时也对节约资源、保护环境、实现可持续发展具有重要的意义。

1. 混凝土的耐久性能

1) 抗渗性

混凝土的抗渗性是指混凝土抵抗压力液体(水、油、溶液等)渗透作用的能力。抗渗性是决定混凝土耐久性最主要的技术指标。水泥浆中多余水分蒸发而留下的气孔,水泥浆泌水所产生的毛细管孔道,内部的微裂缝以及施工振捣不密实产生的蜂窝、孔洞等,都是混凝土渗水的原因。

混凝土抗渗性能的好坏取决于混凝土内部的密实程度,混凝土越密实,抗渗性能越好。混凝土的抗渗性用抗渗等级来表示。抗渗等级是用 28d 龄期的标准混凝土抗渗试件,按标准试验方法,以材料不渗水所能承受的最大水压力(MPa)来确定,如 P4、P6、P8、P12,分别表示能抵抗 0.4MPa、0.6MPa、0.8MPa、1.2MPa 的水压力而不渗透。

2) 抗冻性

混凝土的抗冻性是指混凝土在水饱和状态下,能经受多次冻融循环作用而保持强度和外观完整性的性能。混凝土内部孔隙的水在负温下结冰,体积膨胀造成膨胀应力,当膨胀应力大于混凝土抗拉强度时,混凝土就会产生裂缝,反复冻融会使裂缝不断扩展,直至破坏。

混凝土抗冻性以抗冻等级表示。抗冻等级是指龄期 28d 的试件在吸水饱和状态下,经受反复冻融循环,抗压强度下降不超过 25%,且质量损失不超过 5%所能承受的最大冻融循环次数。混凝土的抗冻等级分为 F10、F15、F25、F50、F100、F150、F200、F250、F300 九个等级,分别表示混凝土能承受的反复冻融循环次数为 10、15、25、50、100、150、200、250 和 300。

影响混凝土抗冻性的因素有很多,主要包括混凝土中孔隙的大小、状态;混凝土的密实度;混凝土孔隙充水程度;环境的温度、湿度变化;经受冻融的次数;是否掺入外加剂等。

3) 抗侵蚀性

混凝土处于含侵蚀性介质的环境时,会因遭受化学侵蚀、物理作用而被破坏。化学侵蚀主要是对水泥石的侵蚀,通常有软水侵蚀、硫酸盐侵蚀、镁盐侵蚀、碳酸侵蚀、一般酸与强碱侵蚀等;物理作用是指反复干湿作用、冲击、磨损等。混凝土中氯离子对钢筋的锈蚀,也会使混凝土遭受破坏。混凝土的抗侵蚀性与所用水泥的品种、混凝土的密实度、孔隙率与孔隙特征有关。密实和孔隙封闭的混凝土,侵蚀介质不易侵入,故抗侵蚀性较强。

4) 抗碳化

混凝土的碳化是指混凝土内水泥石中的 $Ca(OH)_2$ 与空气中的 CO_2,在一定湿度条件下发生化学反应,生成 $CaCO_3$ 和 H_2O 的过程。

混凝土的碳化弊多利少。由于碳化,混凝土中的钢筋会因失去碱性保护而锈蚀,并引起混凝土钢筋开裂;碳化收缩会引起微细裂纹,使混凝土强度降低。但是碳化时生成的碳酸钙填充在水泥石的孔隙中,会使混凝土的密实度和抗压强度提高,对防止有害杂质的侵入有一定的缓冲作用。

5) 抗碱骨料反应

混凝土中的碱与具有碱活性的骨料发生反应,反应产物吸水膨胀导致骨料膨胀,造成混凝土开裂破坏的现象,称为碱骨料反应。根据骨料中活性成分的不同,碱骨料反应分为三种类型:碱硅酸反应、碱碳酸盐反应和碱硅酸盐反应。碱硅酸反应是分布最广、研究最多的碱骨料反应,该反应是指混凝土内的碱与骨料中的活性 SiO_2 反应,生成碱硅酸凝胶,并从周围介质中吸收水分而膨胀,导致混凝土开裂破坏的现象。

6) 抗表面磨损

混凝土的表面磨损有三种情况:一是机械磨损,如路面、机场跑道、厂房地坪等处的混凝土受到反复摩擦、冲击而造成的磨损;二是冲磨,如桥墩、水工泄水结构物、沟渠等处的混凝土受到高速水流中夹带的砂石、石子颗粒的冲刷、撞击和摩擦造成的磨损;三是空蚀,如水工泄水结构物受到水流速度和方向改变形成的空穴冲击而造成的磨损。

影响混凝土耐磨性的因素有混凝土的强度、粗骨料的品种和性能、细骨料与砂率的比例、水泥和掺合料的比例、养护和施工方法等。

2. 提高混凝土耐久性的措施

(1) 根据混凝土工程的特点和所处的环境条件,合理选择水泥品种。

(2) 选用质量良好、技术条件合格的砂石骨料。改善粗细骨料的颗粒级配,在允许的最大粒径范围内尽量选用较大粒径的粗骨料,可减小骨料的空隙率和比表面积,有助于提高混凝土的耐久性。

(3) 严格控制混凝土的水灰比及水泥用量。水灰比的大小是决定混凝土密实性的主要因素,它不但影响混凝土的强度,也严重影响其耐久性,故必须严格控制水灰比。保证足够的水泥用量,同样可以起到提高混凝土密实性和耐久性的作用。

(4) 掺入减水剂或引气剂改善混凝土的孔结构,对提高混凝土的抗渗性和抗冻性有良好的作用。

(5) 加强混凝土质量的生产控制。在混凝土施工中,应当搅拌均匀,浇灌和振捣密实,加强养护,以保证混凝土的施工质量。

4.5 混凝土的配合比设计

混凝土的配合比是指混凝土中水泥、掺合料、粗细骨料、水、外加剂等组成材料之间的比例关系。常用的混凝土配合比表示方法有两种:一种是以每立方米混凝土中各项材料的质量来表示;另一种是以水泥质量为1,其他各种材料依次以相对质量比来表示。

4.5.1 概述

1. 混凝土配合比设计的基本要求

(1) 满足施工所要求的新拌混凝土的和易性;

(2) 满足结构设计要求的混凝土强度等级;

(3) 具有与使用环境相适应的耐久性(如抗冻性、抗渗性、抗侵蚀性等);

(4) 在保证工程质量的前提下,应尽量节约水泥,以降低混凝土的成本。

2. 混凝土配合比设计的基本资料

(1) 结构设计对混凝土强度的要求,即混凝土的强度等级;

(2) 工程设计对混凝土耐久性的要求,如根据工程环境条件所要求的抗渗等级、抗冻等级等;

(3) 原材料品种及其物理、力学性质等技术指标;

(4) 工程结构特点与施工条件,包括结构截面最小尺寸及钢筋最小净距、搅拌及运输方式、浇注与密实工艺所要求的坍落度、施工单位质量管理水平及混凝土强度标准差等。

3. 混凝土配合比设计的三个重要参数

(1) 水灰比的确定:在满足混凝土强度和耐久性的基础上,确定混凝土的水灰比——水灰比定则(鲍罗米公式)。

(2) 单位用水量的确定:在满足混凝土施工要求的和易性基础上,根据粗骨料的种类和规格确定混凝土的单位用水量——需水量定则。

(3) 砂率的确定:砂在骨料中的数量应以填充石子空隙后略有富余的原则来确定砂率—拨开系数。

4.5.2 混凝土配合比计算步骤

1. 确定混凝土配制强度($f_{cu,0}$)

(1) 当混凝土的设计强度等级小于 C60 时,其配制强度应按下式来确定:

$$f_{cu,0} \geqslant f_{cu,k} + 1.645\sigma$$

(2) 当设计强度等级不小于 C60 时,其配制强度应按下式来确定:

$$f_{cu,0} \geqslant 1.15 f_{cu,k}$$

式中,$f_{cu,0}$——混凝土配制强度,单位为 MPa;

$f_{cu,k}$——混凝土立方体抗压强度标准值,单位为 MPa(这里取混凝土的设计强度等级值);

σ——混凝土强度标准差,单位为 MPa。

(3) 混凝土强度标准差应按下列规定确定。

① 当有近 1~3 个月的同一品种、同一强度等级混凝土的强度资料,且试件组数不小于 3 组时,其混凝土强度标准差应按下式计算:

$$\sigma = \sqrt{\frac{\sum_{i=1}^{n} f_{cu,i}^2 - nm_{fcu}^2}{n-1}}$$

式中,σ——混凝土强度标准差,单位为 MPa;

$f_{cu,i}$——第 i 组的试件强度,单位为 MPa;

n——试件组数;

m_{fcu}——n 组试件的强度平均值,单位为 MPa。

对于强度等级不大于 C30 的混凝土,当混凝土强度标准差计算值不小于 3.0MPa 时,应按计算结果取值,当混凝土强度标准差计算值小于 3.0MPa 时,应取 3.0MPa。

对于强度等级大于 C30 的混凝土,当混凝土强度标准差计算值不小于 4.0MPa 时,应按计算结果取值,当混凝土强度标准差计算值小于 4.0MPa 时,应取 4.0MPa。

② 当没有近期的同一品种、同一强度等级混凝土的强度资料时,其强度标准差按表 4-2 取值。

表 4-2 标准差 σ 值　　　　　　　　　　　　　　　单位:MPa

混凝土强度标准差值	≤C20	C25~C45	C50~C55
σ	4.0	5.0	6.0

2. 确定水胶比(W/B,即水灰比 W/C)

(1) 当混凝土强度等级小于 C60 级时,混凝土水胶比宜按下式计算:

$$W/B = \frac{\alpha_a \cdot f_b}{f_{cu,0} + \alpha_a \cdot \alpha_b \cdot f_b}$$

式中,α_a、α_b——回归系数;

f_b——胶凝材料 28d 胶砂抗压强度(MPa),可实测,且试验方法应按现行国家标准执行,也可按下述内容(3)来确定。

(2) 回归系数宜按下列规定确定:

① 根据工程所使用的原材料,通过试验建立的水胶比与混凝土强度关系式来确定。

② 当不具备上述试验统计资料时,可按表 4-3 选用。

表 4-3 回归系数取值表

回归系数	粗骨料品	
	碎石	卵石
α_a	0.53	0.49
α_b	0.20	0.13

(3) 当胶凝材料 28d 胶砂抗压强度 f_b 无实测值时,可按下式确定:

$$f_b = \gamma_f \gamma_s f_{ce}$$

式中,γ_f、γ_s——粉煤灰影响系数和粒化高炉矿渣粉影响系数;

f_{ce}——水泥 28d 胶砂抗压强度值(MPa),可实测,也可按下述内容(4)计算。

(4) 当水泥 28d 胶砂抗压强度值无实测值时,可按下式计算:

$$f_{ce} = \gamma_c f_{ce,g}$$

式中,γ_c——水泥强度等级值的富余系数,可按实际统计资料确定,当缺乏实际统计资料时,也可按表 4-4 选用;

$f_{ce,g}$——水泥强度等级值(MPa)。

表 4-4 水泥强度等级值的富余系数

水泥强度等级值	32.5	42.5	52.5
富余系数	1.12	1.16	1.10

3. 确定用水量(W_0)和外加剂用量(A_0)

(1) 每立方米干硬性或塑性混凝土的用水量应符合下列规定。

① 混凝土水胶比在 0.40~0.80 范围时,可按表 4-5 和表 4-6 选取。

表 4-5　干硬性混凝土的用水量　　　　　　　　　　单位:kg/m³

拌合物稠度		卵石最大公称粒径/mm			碎石最大公称粒径/mm		
项目	指标	10.0	20.0	40.0	16.0	20.0	40.0
维勃稠度/s	16~20	175	160	145	180	170	155
	11~15	180	165	150	185	175	160
	5~10	185	170	155	190	180	165

表 4-6　塑性混凝土的用水量　　　　　　　　　　单位:kg/m³

拌合物稠度		卵石最大公称粒径/mm				碎石最大公称粒径/mm			
项目	指标	10.0	20.0	31.5	40.0	16.0	20.0	31.5	40.0
坍落度/mm	10~30	190	170	160	150	200	185	175	165
	35~50	200	180	170	160	210	195	185	175
	55~70	210	190	180	170	220	205	195	185
	75~90	215	195	185	175	230	215	205	195

注:本表用水量是采用中砂时的取值,采用细砂时,用水量可增加 5~10kg/m³;采用细砂时,用水量可减少 5~10kg/m³;掺用矿物掺合料和外加剂时,用水量应相应调整。

② 混凝土水胶比小于 0.40 时,可通过试验确定。

(2) 掺外加剂时,流动性或大流动性混凝土的用水量可按下式计算:

$$m_{wo} = m'_{wo}(1-\beta)$$

式中,m_{wo}——计算配合比每立方米的用水量(kg/m³);

m'_{wo}——未掺外加剂时推定的满足实际坍落度要求的每立方米混凝土用水量(kg/m³),以表 4-6 中 90mm 的坍落度用水量为基础,按每增大 20mm 坍落度相应增加 5kg/m³ 用水量来计算。当坍落度增大到 180mm 以上时,随坍落度相应增加,用水量可减少;

β——外加剂的减水率(%),应经混凝土试验确定。

(3) 外加剂用量应按下式计算:

$$m_{ao} = m_{bo}\beta_a$$

式中,m_{ao}——计算配合比中外加剂的用量(kg/m³);

m_{bo}——计算配合比中胶凝材料的用量(kg/m³);

β_a——外加剂的掺量(%),应经混凝土试验确定。

4. 确定胶凝材料、矿物掺合料用量(F_0)和水泥用量(C_0)

(1) 混凝土的胶凝材料用量应按下式计算:

$$m_{bo} = m_{wo}/(W/B)$$

式中,m_{bo}——计算配合比每立方米混凝土中胶凝材料总量(kg/m³);

m_{wo}——计算配合比每立方米混凝土中用水量(kg/m³);

W/B——混凝土水胶比。

(2) 每立方米混凝土的矿物掺合料用量(m_{f0})可按下式计算：
$$m_{f0} = m_{b0} \times \beta_f$$
式中，β_f——矿物掺合料掺量(%)，可结合表 4-7 和表 4-8 规定，并通过试验确定。

表 4-7　钢筋混凝土中矿物掺合料最大掺量

矿物掺合料	水胶比	最大掺量/%	
		硅酸盐水泥	普通硅酸盐水泥
粉煤灰	≤0.4	45	35
	>0.4	40	30
粒化高炉矿渣粉	≤0.4	65	55
	>0.4	55	45
钢渣粉	—	30	20
磷渣粉	—	30	20
硅灰	—	10	10
复合掺合料	≤0.4	65	55
	>0.4	55	45

表 4-8　预应力混凝土中矿物掺合料最大掺量

矿物掺合料	水胶比	最大掺量/%	
		硅酸盐水泥	普通硅酸盐水泥
粉煤灰	≤0.4	35	30
	>0.4	25	20
粒化高炉矿渣粉	≤0.4	55	45
	>0.4	45	35
钢渣粉	—	20	10
磷渣粉	—	20	10
硅灰	—	10	10
复合掺合料	≤0.4	55	45
	>0.4	45	35

(3) 每立方米混凝土的水泥用量(m_{c0})可按下式计算：
$$m_{c0} = m_{b0} - m_{f0}$$

5．确定砂率(P_{os})

砂率应根据骨料的技术指标、混凝土拌合物性能和施工要求，参考既有的历史资料确定。当缺乏砂率的历史资料时，混凝土砂率的确定应符合下列规定。

(1) 坍落度小于 10mm 的混凝土，其砂率应经试验确定。

(2) 坍落度为 10～60mm 的混凝土，其砂率可根据粗骨料品种、最大公称粒径及水胶比按表 4-9 选取。

(3) 坍落度大于 60mm 的混凝土，其砂率可经试验确定，也可在表 4-9 的基础上，按坍落度每增大 20mm，砂率增大 1% 的幅度予以调整。

表 4-9　混凝土的砂率　　　　　　　　　　　　　单位：%

水胶比	卵石最大公称粒径/mm			碎石最大公称粒径/mm		
	10.0	20.0	40.0	16.0	20.0	40.0
0.40	26～32	25～31	24～30	30～35	29～34	27～32
0.50	30～35	29～34	28～33	33～38	32～37	30～35
0.60	33～38	32～37	31～36	36～41	35～40	33～38
0.70	36～41	35～40	34～39	39～44	38～43	36～41

6. 确定粗骨料（S_0）和细骨料（G_0）用量

(1) 当采用质量法计算混凝土配合比时，粗、细骨料用量应按下列公式计算：

$$m_{c0} + m_{g0} + m_{s0} + m_{w0} + m_{f0} = m_{cp}$$

$$\beta_s = \frac{m_{s0}}{m_{g0} + m_{s0}} \times 100\%$$

式中，m_{c0}——每立方米混凝土的水泥用量（kg）；

m_{g0}——每立方米混凝土的粗骨料用量（kg）；

m_{s0}——每立方米混凝土的细骨料用量（kg）；

m_{w0}——每立方米混凝土的用水量（kg）；

m_{f0}——每立方米混凝土的掺合料用量（kg）；

β_s——砂率（%）；

m_{cp}——每立方米混凝土拌合物的假定质量（kg），其值可取 2350～2450kg。

(2) 当采用体积法计算混凝土配合比时，应按下列公式计算：

$$\frac{m_{c0}}{\rho_c} + \frac{m_{f0}}{\rho_f} + \frac{m_{g0}}{\rho_g} + \frac{m_{s0}}{\rho_s} + \frac{m_{w0}}{\rho_w} + 0.01\alpha = 1$$

$$\beta_s = \frac{m_{s0}}{m_{g0} + m_{s0}} \times 100\%$$

式中，ρ_c——水泥密度（kg/m³），可取 2900～3100kg/m³；

ρ_f——矿物掺合料密度（kg/m³），可按现行国家标准测定；

ρ_g——粗骨料的表观密度（kg/m³）；

ρ_s——细骨料的表观密度（kg/m³）；

ρ_w——水的密度（kg/m³），可取 1000kg/m³；

α——混凝土的含气量百分数，在不使用引气型外加剂时，α 可取 1。

粗骨料和细骨料的表观密度（ρ_g、ρ_s）应按现行行业标准 JGJ 53《普通混凝土用碎石或卵石质量标准及检验方法》和 JGJ 52《普通混凝土用砂质量标准及检验方法》规定的方法测定。

7. 例题

某工程现浇钢筋混凝土楼板，设计强度等级 C30。泵送混凝土，坍落度 $T=160$mm。原材料参数：水泥 P.O42.5R，实测 28d 强度为 48.2MPa；外加剂减水率为 20%；砂子为天然中砂，细度模数 2.7；石子为 5～31.5mm 连续级配碎石。设计依据为 JGJ 55《普通混凝土配合比设计规程》。

(1) 确定混凝土配制强度($f_{cu,0}$)。根据 JGJ 55《普通混凝土配合比设计规程》中表 4-2,可得 $\sigma=5$。

$$f_{cu,0} = f_{cu,k} + 1.645\sigma = 30 + 1.645 \times 5 = 38.23(\text{MPa})$$

(2) 确定水胶比(W/B,即水灰比 W/C)。

$$\frac{W}{B} = \frac{\alpha_a \alpha_b f_{ce}}{f_{cu,0} + \alpha_a \alpha_b f_{ce}} = \frac{0.53 \times 48.2}{38.23 + 0.53 \times 0.20 \times 48.2} = 0.59$$

α_a、α_b 为回归系数,可查表 4-3 得:α_a 为 0.53,α_b 为 0.20。

(3) 确定用水量(W_0)。根据粗骨料品种、粒径及施工要求的混凝土拌合物稠度,其用水量可查表 4-6 计算得到。坍落度每增加 20mm,可增加 5kg 用水量,则当坍落度为 160mm 时用水量为 $W_0 = 222.5 \text{kg/m}^3$。

由于掺入高效减水剂,减水率为 20%,则每立方米混凝土单位用水量为

$$W_0 = 222.5 \times (1 - 20\%) = 178(\text{kg/m}^3)$$

(4) 计算水泥用量(C_0)。

$$C_0 = \frac{W_0}{W/C} = \frac{178}{0.59} = 302(\text{kg/m}^3)$$

(5) 外加剂的用量(J_0)。厂家推荐 C30 混凝土掺量为胶凝材料用量的 1.5%。

$$J_0 = 302 \times 1.5\% = 4.53(\text{kg/m}^3)$$

(6) 确定砂率(S_p)。参考表 4-9,考虑泵送混凝土的要求,故选砂率为 43%。

(7) 计算砂、石用量(S_0、G_0)。用容重法计算,根据 JGJ 55《普通混凝土配合比设计规程》的规定,普通混凝土容重为 2350~2450kg/m³,取容重为 2400kg/m³。

$$\begin{cases} \dfrac{S_0}{S_0 + G_0} \times 100\% = 43\% \\ S_0 + G_0 = 2400 - 178 - 302 - 4.53 \end{cases}$$

联立方程,解得:$S_0 = 823 \text{kg/m}^3$;$G_0 = 1092 \text{kg/m}^3$。

(8) 混凝土计算配合比。水:水泥:砂:碎石:外加剂 = 178:302:823:1092:4.53

4.5.3 混凝土配合比的试配、调整与确定

1. 试配

在计算配合比的基础上应进行试拌。计算时,水胶比宜保持不变,通过调整配合比的其他参数使混凝土拌合物性能符合设计和施工要求,然后修正配合比,提出试拌配合比。

在试拌配合比的基础上应进行混凝土强度试验,并应符合下列规定。

(1) 应采用三个不同的配合比,其中一个应为试拌配合比,另外两个配合比的水胶比宜较试拌配合比分别增加和减少 0.05,用水量与试拌配合比相同,砂率可分别增加和减少 1%。进行混凝土强度试验时,拌合物性能应符合设计和施工要求。

(2) 进行混凝土强度试验时,每个配合比应至少制作一组试件,并按标准养护到 28d 或设计规定的龄期时再试压。

2. 配合比的调整与确定

(1) 配合比调整应符合下列规定。

① 根据试拌混凝土强度试验结果，绘制强度和水胶比的线性关系，或使用插值法确定略大于配制强度对应的水胶比。

② 在试拌配合比的基础上，用水量和外加剂用量应根据确定的水胶比作调整。

③ 胶凝材料的用量应以用水量乘以确定的水胶比计算得出。

④ 粗、细骨料用量应根据用水量和胶凝材料用量进行调整。

(2) 混凝土拌合物表观密度和配合比校正系数的计算应符合下列规定。

① 配合比调整后的混凝土拌合物的表观密度应按下式计算：

$$\rho_{c,c} = m_c + m_f + m_g + m_s + m_w$$

② 混凝土配合比校正系数应按下式计算：

$$\delta = \rho_{c,t}/\rho_{c,c}$$

式中，δ——混凝土配合比校正系数；

$\rho_{c,t}$——混凝土拌合物的表观密度实测值（kg/m^3）；

$\rho_{c,c}$——混凝土拌合物的表观密度计算值（kg/m^3）。

③ 当混凝土拌合物表观密度实测值与计算值之差的绝对值不超过计算值的2%时，调整的配合比可维持不变；当二者之差超过2%时，应将配合比中每项材料用量均乘以校正系数。

(3) 配合比调整后，应测定拌合物水溶性氯离子含量，试验结果应符合标准要求。对耐久性有设计要求的混凝土应进行相关耐久性试验验证。

(4) 生产单位可根据常用材料设计出常用的混凝土配合比备用，并在启用过程中予以验证或调整。遇有下列情况之一时，应重新进行配合比设计。

① 对混凝土性能有特殊要求时。

② 水泥、外加剂或矿物掺合料等原材料品种、质量有显著变化时。

4.6 混凝土的质量控制与强度评定

在实际工程中，由于受到原材料质量的波动、施工配料称量误差、施工条件和试验条件的变异等许多复杂因素的影响，混凝土质量必然产生一定程度的波动。为了使所生产的混凝土能按规定的保证率满足设计要求，必须加强对混凝土的质量控制，也就是要对从原材料开始到混凝土施工的全过程进行必要的质量检验和控制。

4.6.1 原材料质量控制

1. 水泥

(1) 水泥品种与强度等级的选用应根据设计、施工要求以及工程所处环境来确定。对于一般建筑结构及预制构件的普通混凝土，宜采用通用硅酸盐水泥；高强混凝土和有抗冻要求的混凝土，宜采用硅酸盐水泥或普通硅酸盐水泥；有预防混凝土碱骨料反应要求的混凝土工程，宜采用碱含量低于0.6%的水泥；大体积混凝土，宜采用中、低热硅酸盐水泥。水泥应符合现行国家标准 GB 175—2007《通用硅酸盐水泥》和 GB 200—2003《中热硅酸盐水泥、低热硅酸盐水泥、低热矿渣硅酸盐水泥》的有关规定。

(2) 水泥质量的主要控制项目有凝结时间、安定性、胶砂强度、氧化镁和氯离子含量。碱含量低于0.6%的水泥主要控制项目还应包括碱含量；中、低热硅酸盐水泥或低热矿渣硅酸盐水泥主要控制项目还应包括水化热。

(3) 水泥的应用应符合以下规定。

① 宜采用使用新型干法生产的水泥。

② 应注明水泥中的混合材料品种和掺加量。

③ 用于生产混凝土的水泥温度不宜高于60℃。

2. 粗骨料

(1) 粗骨料应符合现行行业标准 JGJ 52—2006《普通混凝土用砂、石质量及检验方法标准》及 GB/T 14685—2011《建设用卵石、碎石》的规定。

(2) 粗骨料质量的主要控制项目有颗粒级配、针片状颗粒含量、含泥量、泥块含量、压碎值指标和坚固性。用于高强混凝土的粗骨料主要控制项目还应包括岩石抗压强度。

(3) 粗骨料在应用方面应符合下列规定。

① 混凝土粗骨料宜采用连续级配。

② 对于混凝土结构，粗骨料最大公称粒径不得大于结构截面最小尺寸的1/4，且不得大于钢筋最小净间距的3/4；对混凝土实心板，骨料的最大公称粒径不宜大于板厚的1/3，且不得大于40mm；对于大体积混凝土，粗骨料最大公称粒径不宜小于31.5mm。

③ 对于有抗渗、抗冻、抗腐蚀、耐磨或其他特殊要求的混凝土，粗骨料中的含泥量和泥块含量分别不应大于1.0%和0.5%；坚固性检验的质量损失不应大于8%。

④ 对于高强混凝土，粗骨料的岩石抗压强度应至少比混凝土设计强度高30%；最大公称粒径不宜大于25mm；针片状颗粒含量不宜大于5%且不应大于8%；含泥量和泥块含量分别不应大于0.5%和0.2%。

⑤ 对粗骨料或用于制作粗骨料的岩石，应进行碱活性检验，包括碱硅酸盐反应活性检验和碱碳酸盐反应活性检验；对于有预防混凝土碱骨料反应要求的混凝土工程，不宜采用有碱活性的粗骨料。

3. 细骨料

(1) 细骨料应符合现行行业标准 JGJ 52—2006《普通混凝土用砂、石质量及检验方法标准》及 GB/T 14684—2011《建设用砂》的规定；混凝土用海砂应符合现行行业标准 JGJ 206—2010《海砂混凝土应用技术规范》的有关规定。

(2) 细骨料质量的主要控制项目有颗粒级配、细度模数、含泥量、泥块含量、坚固性、氯离子含量和有害物质含量；海砂主要控制项目除应包括上述指标外，还应包括贝壳含量；人工砂主要控制项目除应包括上述指标外，还应包括石粉含量和压碎值指标，人工砂主要控制项目可不包括氯离子含量和有害物质含量。

(3) 细骨料在应用方面应符合下列规定。

① 泵送混凝土宜采用中砂，且300μm筛孔的颗粒通过量不宜少于15%。

② 对于有抗渗、抗冻或其他特殊要求的混凝土，砂中的含泥量和泥块含量分别不应大于3.0%和1.0%；坚固性检验的质量损失不应大于8%。

③ 对于高强混凝土，砂的细度模数宜控制在2.6~3.0范围内，含泥量和泥块含量分别不应大于2.0%和0.5%。

④ 钢筋混凝土和预应力混凝土用砂的氯离子含量分别不应大于0.06%和0.02%。

⑤ 混凝土用海砂应经过净化处理。

⑥ 混凝土用海砂氯离子含量不应大于0.03%，贝壳含量应符合表4-10的规定。海砂不得用于预应力混凝土。

表4-10 混凝土用海砂的贝壳含量（按质量计）　　　　单位：%

混凝土强度等级	≥C60	C55～C40	C35～C30	C25～C15
贝壳含量	≤3	≤5	≤8	≤10

⑦ 人工砂中的石粉含量应符合表4-11的规定。

表4-11 人工砂中石粉含量　　　　单位：%

混凝土强度等级	≥C60	C55～C30	≤C25
石粉含量	MB<1.4　≤5.0	≤7.0	≤10.0
	MB≤1.4　≤2.0	≤3.0	≤5.0

⑧ 不宜单独采用特细砂作为细骨料配制混凝土。

⑨ 河砂和海砂应进行碱硅酸盐反应活性检验；人工砂应进行碱硅酸盐反应活性检验和碱碳酸盐反应活性检验；对于有预防混凝土碱骨料反应要求的混凝土工程，不宜采用有碱活性的砂。

4. 矿物掺合料

（1）用于混凝土中的矿物掺合料包括粉煤灰、粒化高炉矿渣粉、硅灰、沸石粉、钢渣粉、磷渣粉，可采用两种或两种以上的矿物掺合料按一定比例混合使用。粉煤灰应符合现行国家标准GB/T 1596—2011《用于水泥和混凝土中的粉煤灰》的有关规定；粒化高炉矿渣粉应符合现行国家标准GB/T 18046—2008《用于水泥和混凝土中的粒化高炉矿渣粉》的有关规定；钢渣粉应符合现行国家标准GB/T 20491—2017《用于水泥和混凝土中的钢渣粉》的有关规定；其他矿物掺合料应符合相关现行国家标准的规定并满足混凝土性能要求；矿物掺合料的放射性应符合现行国家标准GB 6566—2010《建筑材料放射性核素限量》的有关规定。

（2）各种矿物掺合料的主要控制指标按表4-12执行。

表4-12 各种矿物掺合料的主要控制指标

矿物掺合料	主要控制指标
粉煤灰	细度、需水量比、烧失量、三氧化硫含量。C类粉煤灰还应包括游离氧化钙含量、安定性、放射性
矿渣粉	比表面积、活性指数、流动度比、放射性
钢渣粉	比表面积、活性指数、流动度比、游离氧化钙含量、三氧化硫含量、氧化镁含量、安定性、放射性
磷渣粉	细度、活性指数、流动度比、五氧化二磷含量、安定性、放射性
硅灰	比表面积、二氧化硅含量、放射性

（3）矿物掺合料的应用应符合下列规定。

① 掺用矿物掺合料的混凝土，宜采用硅酸盐水泥和普通硅酸盐水泥。

② 在混凝土中掺用矿物掺合料时,矿物掺合料的种类和掺量应经试验确定。

③ 矿物掺合料宜与高效减水剂同时使用。

④ 对于高强混凝土或有抗渗、抗冻、抗腐蚀、耐磨等其他特殊要求的混凝土,不宜采用低于Ⅱ级的粉煤灰。

⑤ 对于高强混凝土和有耐腐蚀要求的混凝土,当需要采用硅灰时,不宜采用二氧化硅含量小于90%的硅灰。

5．外加剂

(1) 外加剂应符合国家现行标准 GB 8076—2008《混凝土外加剂》、JC 475—25《混凝土防冻剂》、GB/T 23439—2017《混凝土膨胀剂》的有关规定。

(2) 外加剂质量的主要控制项目包括掺外加剂混凝土性能和外加剂匀质性两方面。其中,混凝土性能方面的主要控制项目包括减水率、凝结时间差和抗压强度比;外加剂匀质性方面的主要控制项目包括 pH 值、氯离子含量和碱含量;引气剂和引气减水剂主要控制项目包括含气量;防冻剂主要控制项目包括含气量和 50 次冻融强度损失率比;膨胀剂主要控制项目包括凝结时间、限制膨胀率和抗压强度。

(3) 外加剂的应用除应符合现行国家标准 GB 50119—2013《混凝土外加剂应用技术规范》的有关规定,还应符合下列规定。

① 在混凝土中掺用外加剂时,外加剂应与水泥具有良好的适应性,其种类和掺量应经试验确定。

② 高强混凝土宜采用高性能减水剂;有抗冻要求的混凝土宜采用引气剂或引气减水剂;大体积混凝土宜采用缓凝剂或缓凝减水剂;混凝土冬期施工可采用防冻剂。

③ 外加剂中氯离子含量和碱含量应满足混凝土设计要求。

④ 宜采用液态外加剂。

6．水

(1) 混凝土用水应符合现行行业标准 JGJ 63—2006《混凝土用水标准》的有关规定。

(2) 混凝土用水的主要控制项目有 pH 值、不溶物含量、可溶物含量、硫酸根离子含量、氯离子含量、水泥凝结时间差和水泥胶砂强度比。当混凝土骨料为碱活性时,主要控制项目还应包括碱含量。

(3) 混凝土用水的应用应符合下列规定。

① 未经处理的海水严禁用于钢筋混凝土和预应力混凝土。

② 当骨料具有碱活性时,混凝土用水不得采用混凝土企业生产设备洗刷水。

4.6.2 生产控制水平

(1) 混凝土生产控制水平可按强度标准差(σ)和实测强度达到强度标准值组数的百分率(P)表征。

(2) 混凝土强度标准差(σ)应按下式计算,并符合表 4-13 的规定。

$$\sigma = \sqrt{\frac{\sum_{i=1}^{n} f_{cu,i}^2 - n m_{fcu}^2}{n-1}}$$

式中，σ——混凝土强度标准差，精确到 0.1MPa；
$f_{cu,i}$——统计周期内第 i 组混凝土立方体试件的抗压强度值，精确到 0.1MPa；
n——统计周期内相同强度等级混凝土的试件组数，n 值不应小于 30；
$m_{f_{cu}}$——统计周期内 n 组混凝土立方体试件的抗压强度的平均值，精确到 0.1MPa。

表 4-13　混凝土强度标准差 σ　　　　　　单位：MPa

生产场所	混凝土强度标准差 σ		
	<C20	C20~C40	≥C45
预拌混凝土搅拌站 预制混凝土构件厂	≤3.0	≤3.5	≤4.0
施工现场搅拌站	≤3.5	≤4.0	≤3.5

（3）实测强度达到强度标准值组数的百分率（P）应按下式计算，且 P 不应小于 95%。

$$P = n_0/n \times 100\%$$

式中，P——统计周期内实测强度达到强度标准值组数的百分率，精确到 0.1%；
n_0——统计周期内相同强度等级混凝土达到强度标准值的试件组数。

（4）预拌混凝土搅拌站和预制构件厂的统计周期可取一个月；施工现场搅拌站的统计周期可根据实际情况确定，但不宜超过三个月。

4.6.3　混凝土生产与施工质量控制

1. 原材料进厂

混凝土原材料进厂时，供方应按规定批次向需方提供质量证明文件。质量证明文件应包括型式检验报告、出厂检验报告与合格证等，外加剂产品还应提供使用说明书。

原材料进厂后，应按规定进行进厂检验。

（1）水泥应按不同厂家、不同品种和强度等级分批存储，并应采取防潮措施；出现结块的水泥不得用于混凝土工程；水泥出厂超过 3 个月（硫铝酸盐水泥不超过 45 天），应进行复检，合格者方可使用。

（2）粗、细骨料堆放应有遮雨设施，并应符合有关环境保护的规定；粗、细骨料应按不同品种、规格分别堆放，不得混入杂物。

（3）矿物掺合料存储时，应有明显标记，不同矿物掺合料以及水泥不得混杂堆放，应防潮防雨，并应符合有关环境保护的规定；矿物掺合料存储期超过 3 个月时，应进行复检，合格者方可使用。

（4）外加剂的送检样品应与工程大批量进货一致，并应按不同的供货单位、品种和牌号进行标识，单独存放；粉状外加剂应防止受潮结块，如有结块，应进行检验，合格者应粉碎至全部通过 600μm 筛孔后方可使用；液态外加剂应存储在密闭容器内，并应防晒防冻，如有沉淀等异常现象，应经检验合格后方可使用。

2. 计量

（1）原材料计量宜采用电子计量设备。计量设备的精度应符合现行国家标准 GB/T 10171—2005《混凝土搅拌站（楼）》的有关规定，应具有法定计量部门签发的有效鉴定证书，并应定期校验。混凝土生产单位每月应自检一次；每一班工作开始前，应对计量设备进行零点校准。

(2) 每盘混凝土原材料计量的允许偏差应符合表 4-14 的规定,原材料计量偏差应每班检查一次。

表 4-14　各种原材料计量的允许偏差(按质量计)

原材料种类	计量允许偏差/%	原材料种类	计量允许偏差/%
胶凝材料	±2	拌合用水	±1
粗、细骨料	±3	外加剂	±1

(3) 对于原材料计量,应根据粗、细骨料含水率的变化,及时调整粗、细骨料和拌合用水的称量。

3. 搅拌

(1) 混凝土搅拌机应符合现行国家标准 GB/T 9142—2021《混凝土搅拌机》的有关规定,混凝土搅拌宜采用强制式搅拌机。

(2) 原材料投料方式应满足混凝土搅拌技术要求和混凝土拌合物质量要求。

(3) 混凝土搅拌的最短时间可按表 4-15 执行;当搅拌高强混凝土时,搅拌时间应适当延长;采用自落式搅拌机时,搅拌时间宜延长 30s;对于双卧轴强制式搅拌机,可以在保证搅拌均匀的情况下适当缩短搅拌时间。混凝土搅拌时间应每班检查 2 次。

表 4-15　混凝土搅拌最短时间　　　　　　　　　　单位:s

混凝土坍落度/mm	搅拌机机型	搅拌机出料量		
		<250	250~500	>500
≤40	强制式	60	90	120
>40 且 <100	强制式	60	60	90
≥100	强制式	60		

(4) 同一盘混凝土的搅拌匀质性应符合下列规定。

① 混凝土中砂浆密度两次测值的相对误差不应大于 0.8%。

② 混凝土稠度两次测值的差值不应大于表 4-16 规定的混凝土拌合物稠度允许偏差的绝对值。

表 4-16　混凝土拌合物稠度允许偏差

拌合物性能		允许偏差		
坍落度/mm	设计值	≤40	50~90	≥100
	允许偏差	±10	±20	±30
维勃稠度/s	设计值	≥11	6~10	≤5
	允许偏差	±3	±2	±1
扩展度/mm	设计值	≥350		
	允许偏差	±30		

4. 运输

(1) 在运输过程中,应控制混凝土拌合物不离析、不分层,并应控制混凝土拌合物性能满足施工要求。

(2) 当采用机动翻斗车运输混凝土拌合物时,道路应平整。

(3) 当采用搅拌罐车运送混凝土拌合物时,搅拌罐在冬季应有保温措施。

(4) 当采用搅拌罐车运送混凝土拌合物时,卸料前应在快挡旋转搅拌罐不少于20s。因运距过远,交通或现场等问题造成坍落度损失较大而卸料困难时,可在混凝土拌合物中掺入适量减水剂并在快挡旋转搅拌罐,减水剂掺量应有经试验确定的预案。

(5) 当采用泵送混凝土时,混凝土运输应保证混凝土连续泵送,并应符合现行行业标准 JGJ/T 10—2011《混凝土泵送施工技术规范》的有关规定。

(6) 混凝土拌合物从搅拌机卸出至施工现场接收的时间间隔不宜大于90min。

5. 浇筑成型

(1) 混凝土浇筑,应检查并控制模板、钢筋、保护层和预埋件等的尺寸、规格、数量和位置,其偏差应符合现行国家标准 GB 50204—2015《混凝土结构工程施工质量验收规范》的有关规定,并应检查模板支撑和稳定性以及接缝的密合情况,应保证模板在混凝土浇筑过程中不失稳、不跑模、不漏浆,如图4-11所示。

图4-11 混凝土浇筑

(2) 浇筑混凝土前,应清除模板内以及垫层上的杂物;表面干燥的地基、垫层、木模板应浇水湿润。

(3) 当夏季天气火热时,混凝土拌合物入模温度不应高于35℃,宜选择晚间或夜间浇筑混凝土;现场温度高于35℃时,宜对金属模板进行浇水降温,但不得留有积水,并宜采取遮挡措施避免阳光照射金属模板。

(4) 当冬季施工时,混凝土拌合物入模温度不应低于5℃,并应有保温措施。

(5) 在浇筑过程中,应有效控制混凝土的均匀性、密实性和整体性。

(6) 泵送混凝土输送管道的最小内径应符合表4-17的规定;混凝土输送泵的泵压应与混凝土拌合物特性和泵送高度相匹配;泵送混凝土的输送管道应支撑稳定,不漏浆,冬季应有保温措施,夏季施工现场最高气温超过40℃时,应有隔热措施。

表4-17 泵送混凝土输送管道的最小内径　　　单位:mm

粗骨料最大公称粒径	输送管道的最小内径
25	125
40	150

(7) 不同配合比或不同强度等级泵送混凝土,在同一时间段交替浇筑时,输送管道中的混凝土不得混入其他不同配合比或不同强度等级的混凝土。

(8) 当混凝土自由倾落高度大于 3.0m 时,宜采用串筒、溜管或振动溜管等辅助设备。

(9) 浇筑竖向尺寸较大的结构物时,应分层浇筑,每层浇筑厚度宜控制在 300~350mm;大体积混凝土宜采用分层浇筑方法,可利用自然流淌形成斜坡,沿高度均匀上升,分层厚度不应大于 500mm;对于清水混凝土浇筑,可多安排振捣棒,应边浇筑混凝土边振捣,宜连续成型。

(10) 自密实混凝土浇筑布料点应结合拌合物特性选择适宜的间距,必要时可以通过试验确定混凝土布料点下料间距。

(11) 应根据混凝土拌合物特性及混凝土结构、构件或制品的制作方式选择适当的振捣方式和振捣时间。

(12) 在混凝土浇筑的同时,应制作供结构或构件出池、拆模、吊装、张拉、放张和强度合格评定用的同条件养护试件,并应按设计要求制作抗冻、抗渗或其他性能试验用的试件。

(13) 在混凝土浇筑及静置过程中,应在混凝土弹簧凝固前对浇筑面进行抹面处理。

(14) 混凝土构件成型后,在强度达到 1.2MPa 以前,不得在构件上面踩踏行走。

6. 养护

(1) 生产和施工单位应根据结构、构件或制品情况,环境条件,原材料情况以及对混凝土性能的要求等,提出施工养护方案或生产养护制度,并应严格执行。

(2) 混凝土施工可采用浇水、覆盖保湿、喷涂养护剂以及冬季蓄热养护等方法进行养护;混凝土构件或制品生产厂可采用蒸汽养护、湿热养护或潮湿自然养护等方法进行养护。选择的养护方法应满足施工养护方案或生产养护制度的要求。

(3) 采用塑料薄膜覆盖养护时,混凝土全部表面应覆盖严密,并应保持膜内有凝结水,如图 4-12 所示。采用养护剂养护时,应通过试验检验养护剂的保湿效果。

图 4-12 混凝土覆膜养护

(4) 对于混凝土浇筑面,尤其是平板构件,宜边浇筑成型边采用塑料薄膜覆盖保湿。

(5) 对于大体积混凝土,养护过程应进行温度控制,混凝土内部和表面的温差不宜超过 25℃,表面与外界温差不宜大于 20℃。

4.6.4 混凝土质量检验

1. 混凝土原材料质量检验

(1) 原材料进厂时,应按规定批次验收型式检验报告、出厂检验报告或合格证等质量证明文件,外加剂产品还应具有使用说明书。

(2) 混凝土原材料进厂时应进行检验,检验样品时应随机抽取。

(3) 混凝土原材料的检验批量应符合下列规定。

① 散装水泥应按每 500t 为一个检验批;袋装水泥应按每 200t 为一个检验批;粉煤灰

或粒化高炉矿渣粉等矿物掺合料应按每200t为一个检验批；硅灰应按每30t为一个检验批；砂、石骨料应按每400t或600t为一个检验批；外加剂应按每50t为一个检验批；水应按同一水源不少于一个检验批。

② 当符合下列条件之一时，可将检验批量扩大一倍。

对经产品认证机构认证符合要求的产品；

来源稳定且连续三次检验合格；

同一厂家的同批出厂材料，用于同时施工且属于同一工程项目的多个单位工程。

③ 不同批次或非连续供应的不足一个检验批量的混凝土原材料应作为一个检验批。

2. 混凝土拌合物性能检验

(1) 在生产施工过程中，应在搅拌地点和浇筑地点分别对混凝土拌合物进行抽样检验。

(2) 混凝土拌合物的检验频率应符合下列规定。

① 混凝土坍落度取样检验频率应符合现行国家标准GB/T 50107—2010《混凝土强度检验评定标准》的有关规定。

② 同一工程、同一配合比、采用同一批次水泥和外加剂的混凝土的凝结时间应至少检验1次。

③ 同一工程、同一配合比的混凝土的氯离子含量应至少检验1次；同一工程、同一配合比和采用同一批次海砂的混凝土的氯离子含量应至少检验1次。

3. 硬化混凝土性能检验

硬化混凝土性能检验应符合下列规定。

(1) 强度检验评定应符合现行国家标准GB/T 50107—2010《混凝土强度检验评定标准》的有关规定，其他力学性能检验应符合设计要求和有关标准的规定。

(2) 耐久性能检验评定应符合现行行业标准JGJ/T 193—2009《混凝土耐久性检验评定标准》的有关规定。

(3) 长期性能检验规则可按现行行业标准JGJ/T 193—2009《混凝土耐久性检验评定标准》的有关规定执行。

4. 混凝土质量缺陷案例

图4-13所示为各种原因造成的混凝土缺陷。

5. 混凝土质量问题原因分析

(1) 混凝土墙边施工边加水，拆模后造成混凝土表面疏松、脱皮。

(2) 混凝土墙振捣不密实，造成混凝土表面麻面、蜂窝。

(3) 混凝土坍落度偏大，造成混凝土泵送到板面后石子外露。

(4) 混凝土在现场停滞时间过长，混凝土坍落度损失，造成堵泵。

(5) 混凝土振捣不密实造成蜂窝。

(6) 混凝土柱子振捣不密实，浇筑高度控制不严，造成混凝土蜂窝。

(7) 混凝土坍落度偏大，混凝土沉降，造成混凝土表面裂缝。

(8) 楼板混凝土养护不及时造成混凝土收缩裂缝。

(9) 墙体蜂窝麻面，施工单位不按规范进行修补，造成混凝土表观颜色不同。

图 4-13 混凝土质量缺陷

(10) 墙体混凝土拆模过早，墙体粘模。
(11) 混凝土石子偏大且多造成堵泵。
(12) 由于粉煤灰变化引起的混凝土离析及颜色发黑。

4.7 轻混凝土

表观密度不大于 $1950kg/m^3$ 的混凝土称为轻混凝土，包括轻骨料混凝土、多孔混凝土和大孔混凝土。

轻混凝土的表观密度小、导热系数小，具有较好的保温、隔热、隔声及抗震性能，主要用于房屋建筑，也用于各种要求质量较轻的混凝土预制构件等。

4.7.1 轻骨料混凝土

用轻粗骨料、轻砂（或普通砂）、水泥与水配制而成的干表观密度不大于 $1950kg/m^3$ 的混凝土，称为轻骨料混凝土。按细骨料种类可将轻骨料混凝土分为全轻混凝土（由轻砂作细骨料）和砂轻混凝土（由普通砂或部分轻砂作细骨料）。

轻骨料混凝土在材料组成上与普通混凝土比，所用骨料孔隙率高、表观密度小、吸水率大、强度低。

强度等级和密度等级是轻骨料混凝土的两个重要指标。强度等级的确定方法与普通混凝土相似，将边长为150mm的立方体试件，按标准养护28d，然后按立方体抗压强度标准值来确定，可划分为LC5.0、LC7.5、LC10、LC15、LC20、LC25、LC30、LC35、LC40、LC45、LC50、LC55、LC60共13个强度等级。

轻骨料混凝土按其干表观密度可分为14个等级（见表4-18）。某一密度等级轻骨料混凝土的密度标准值，可取该密度等级干表观密度变化范围的上限值。

表4-18 轻骨料混凝土密度等级　　　　　　　　　　单位：kg/m³

密度等级	干表观密度的变化范围	密度等级	干表观密度的变化范围
600	560～650	1300	1260～1350
700	660～750	1400	1360～1450
800	760～850	1500	1460～1550
900	860～950	1600	1560～1650
1000	960～1050	1700	1660～1750
1100	1060～1150	1800	1760～1850
1200	1160～1250	1900	1860～1950

轻骨料混凝土表观密度较小，强度等级范围稍低。轻骨料混凝土弹性模量较小，一般较普通混凝土低25%～65%。轻骨料混凝土热膨胀系数比普通混凝土小20%左右，抗渗、抗冻和耐火性能好，保温性能优良。

1. 轻骨料

轻骨料可分为轻粗骨料和轻细骨料。凡粒径不大于4.75mm、堆积密度小于1200kg/m³的骨料，称为轻细骨料；凡粒径大于4.75mm、最大粒径不大于40mm、堆积密度小于1100kg/m³的骨料，称为轻粗骨料。

轻骨料按来源可分为天然多孔岩石加工而成的天然轻骨料（如浮石、火山渣等）；以地方材料为原料加工而成的人造轻骨料（如页岩陶粒、黏土陶粒、膨胀珍珠岩及轻砂等）；以工业废渣为原料加工而成的工业废渣轻骨料（如粉煤灰陶粒、膨胀矿渣及轻砂等）。

轻骨料按粒形还可分为圆球、普通和碎石三种类型。制造轻骨料用烧胀法或烧结法。

轻骨料的技术性质中，堆积密度的大小直接影响所配制混凝土的表观密度。轻骨料的强度对混凝土强度影响很大，是决定混凝土强度的主要因素。轻骨料的吸水率比普通砂石大，对混凝土拌合物的工作性、水灰比及强度有显著影响。在轻骨料混凝土配合比设计中，如采用干燥骨料，则需根据轻骨料的吸水率计算出被轻骨料吸收的"附加水量"。国家标准对轻骨料1h吸水率的规定是：粉煤灰陶粒不大于22%，黏土陶粒和页岩陶粒不大于10%。

2. 轻骨料混凝土施工注意事项

轻骨料混凝土施工时，可采用干燥骨料，也可将轻粗骨料预湿。预湿的骨料拌制出的拌合物，和易性和水灰比稳定。露天堆放的骨料含水率变化较大，施工中必须及时测定含水率并调整加水量。

轻骨料混凝土拌合物中轻骨料容易上浮，不易搅拌均匀，因此宜选用强制式搅拌机，搅拌时间比普通混凝土略长。外加剂应在轻骨料吸水后加入。拌合物的运输距离应尽量缩短，若出现坍落度损失或离析较严重时，浇筑前宜采用人工二次拌合。拌合物采用机械振捣成型；流动性大的也可采用人工插捣成型；对于干硬性拌合物，宜采用振动台和表面加压成型。浇筑成型后，早期应加强潮湿养护，避免由于表面失水太快引起网状裂纹。养护时间一般不少于7~14d。蒸汽养护升温速度不宜太快，但采用热拌工艺可以快速升温。

4.7.2 多孔混凝土

多孔混凝土是不含骨料且内部均匀分布着大量细小气泡的轻质混凝土，又称硅酸盐建筑制品。多孔混凝土的孔隙率可达85%，表观密度为300~1200kg/m³，导热系数为0.081~0.29W/(m·K)，兼有承重及保温隔热功能。多孔混凝土容易切割，易于施工，可制成砌块、屋面板、内外墙板及保温制品，适用于工业与民用建筑及保温工程中。结构用多孔混凝土的标准抗压强度在3MPa以上，表观密度大于500kg/m³，非承重用多孔混凝土与之相反。根据气孔形成方式不同，可将多孔混凝土分为加气混凝土和泡沫混凝土。

1. 加气混凝土

加气混凝土以含钙材料（水泥、石灰），含硅材料（石英砂、粒化高炉矿渣、粉煤灰等）和发气剂（铝粉）为原料，经磨细、配料、搅拌、浇注、发泡、静停、切割和压蒸养护（0.8~1.5MPa下养护6~8h）等工序生产而成。

加气混凝土技术性质包括表观密度、抗压强度和导热系数。由于其性能随表观密度及含水率的不同而变化，故通常以绝干表观密度（简称表观密度）来表征加气混凝土的制品等级，现有400、500、600、700、800kg/m³几种等级的制品。目前我国使用最多的是表观密度为500kg/m³的制品。表观密度在500~700kg/m³范围内时，抗压强度为3.0~6.0MPa，抗折强度为0.3~0.6MPa，导热系数为0.12~0.16W/(m·K)。

加气混凝土制品能利用工业废料制造，产品成本较低，具有保温、耐火性能好、易于加工、抗震性能强、施工方便及可大幅度降低建筑物自重等优点，技术经济效果较好。制品等级为500kg/m³的加气混凝土制品，其质量仅为烧结普通砖的1/3，钢筋混凝土的1/5；导热系数仅为普通混凝土的1/10。250mm厚加气混凝土砌筑的墙体，保温效果优于烧结黏土砖墙。

加气混凝土一般预制成砌块或条板等制品。砌块可作三层及三层以下房屋的承重墙，也可作为多层、高层框架结构及工业厂房的非承重填充墙。配筋的加气混凝土条板可作为承重和保温合一的屋面板。加气混凝土还可与普通混凝土预制成复合板，用于外墙，兼有承重和保温作用。

2. 泡沫混凝土

泡沫混凝土是由水泥浆与泡沫剂拌合后经成型、硬化而成。泡沫混凝土的表观密度为300~500kg/m³，抗压强度为0.5~0.7MPa，在性能和应用方面与相同表观密度的加气混凝土大体相同，还可现场直接浇筑，用做屋面保温层。

4.7.3 无砂大孔混凝土

无砂大孔混凝土是由水泥、粗骨料和水拌制而成的一种不含砂的轻混凝土。由于不含细骨料,水泥浆仅是包裹在粗骨料颗粒表面,将粗骨料胶结在一起,并不填满骨料颗粒间的空隙,因而形成大孔结构。

无砂大孔混凝土按所用骨料品种分为普通大孔混凝土和轻骨料大孔混凝土。前者用天然碎石、卵石或重矿渣配制而成,表观密度为 1500~1950kg/m³,抗压强度为 3.5~10MPa,主要用于承重及保温外墙体;后者用陶粒、浮石、碎砖等轻骨料配制而成,表观密度为 800~1500kg/m³,抗压强度为 1.5~7.5MPa,主要用于保温外墙体。

无砂大孔混凝土的导热系数小,保温性能好,吸湿性小,收缩较普通混凝土小 20%~50%,抗冻性可达 15~25 次。由于大孔混凝土不用或少用砂,故水泥用量较低,仅为 150~200kg/m³,可用于制作小型空心砌块和各种板材,也可用于现浇墙体。普通大孔混凝土还可制成滤水管、滤水板等,广泛应用于市政工程。

4.8 其他品种混凝土

1. 抗渗混凝土

抗渗混凝土(impermeable concrete)是指抗渗等级等于或大于 P6 级的混凝土。抗渗混凝土按抗渗压力不同分为 P6、P8、P10、P12 和大于 P12 5 个等级。抗渗混凝土通过提高混凝土的密实度,改善孔隙结构,从而减少渗透通道,提高抗渗性。配制抗渗混凝土的方法,一是提高混凝土的密实度,减少毛细孔;二是在配制的时候掺入适量的引气剂或发泡剂。常用的办法是掺用引气型外加剂,使混凝土内部产生不连通的气泡,截断毛细管通道,改变孔隙结构,从而提高混凝土的抗渗性。

抗渗混凝土一般可分为普通防水混凝土、外加剂防水混凝土和膨胀水泥防水混凝土。

(1) 普通防水混凝土。减小水灰比,选用适当品种及强度等级的水泥,保证施工质量,特别是注意振捣密实、养护充分等,都对提高混凝土的抗渗性能有重要作用。

(2) 外加剂防水混凝土。加入减水剂、氯化铁、引气剂以及三乙醇胺等,能使混凝土更密实,或生成能堵塞毛细孔的物质,提高混凝土前期的强度。

(3) 膨胀水泥防水混凝土。使用膨胀水泥,能使混凝土在水化过程中产生膨胀,从而减少混凝土的收缩。

2. 抗冻混凝土

混凝土的抗冻性是指材料在含水状态下能经受多次冻融循环作用而不破坏,强度也不显著降低的性质。混凝土的冻融破坏原因是混凝土中水结冰后发生体积膨胀,当膨胀力超过其抗拉强度时,混凝土便会产生微细裂缝,反复冻融,裂缝不断扩展,最终混凝土强度降低直至破坏。

混凝土的抗冻性用抗冻标号来表示。抗冻标号是指龄期 28d 的石块在吸水饱和后于 −15~20℃的温度下进行反复冻融循环,其抗压强度下降不超过 25%,且重量损失不超过

5%时,所能承受的最大冻融循环次数。

混凝土的抗冻性与其内部孔结构、气泡含量、水饱和程度、受冻龄期、混凝土的强度等许多因素有关,其中最重要的是孔结构。

1) 影响混凝土抗冻性的主要因素

(1) 水灰比。水灰比直接影响混凝土的孔隙率及孔结构,随着水灰比的不断增大,不仅饱和水的开孔总体积增加,而且平均孔径也增大,因而混凝土的抗冻性必然降低。对抗冻性要求比较高的混凝土必须严格控制水灰比,必要时还要加入引气剂及抗冻剂。

(2) 含气量。含气量是影响混凝土抗冻性的主要因素,特别是加入引气剂形成的微细气孔对提高混凝土抗冻性尤为重要,在混凝土受冻结冰的过程中这些空隙可阻止或抑制水泥浆中微小冰体的形成。当气泡间距系数超过 $300\mu m$ 时,混凝土抗冻性较差。混凝土含气量及气孔分布的均匀性可用添加引气剂或引气型减水剂、控制水灰比及骨料粒径等方法调整。

(3) 混凝土的饱水状态。混凝土的冻害与其空隙的饱水程度紧密相关,一般认为含水量小于孔隙体积的 91.7%,就不会产生冻结膨胀压力,该数值被称为极限饱水度。混凝土的饱水状态主要与混凝土的结构部位及其所处的自然环境有关。

(4) 混凝土受冻龄期。混凝土的抗冻性随龄期的增长而提高,因为龄期越长,水泥水化越充分、混凝土强度越高,抵抗膨胀的能力就越强,这一点对早期受冻的混凝土尤为重要。

(5) 水泥品种及骨料质量。混凝土抗冻性随水泥活性增高而提高。普通硅酸盐水泥混凝土的抗冻性优于混合水泥混凝土的抗冻性,这是因为混合水泥需水量大。混凝土骨料对其抗冻性的影响主要体现在骨料的吸水量及骨料本身的抗冻性。

(6) 外加剂及掺合料的影响。减水剂、引气剂及引气型减水剂等外加剂均能提高混凝土的抗冻性。引气剂能增加混凝土的含气量且使气泡均匀分布,而减水剂则能降低混凝土的水灰比,从而减少孔隙率,最终提高混凝土的抗冻性。

2) 提高混凝土的抗冻措施

(1) 掺用引气剂或减水剂及引气型减水剂。引气剂能增加混凝土的含气量且使气泡均匀分布,而减水剂则能降低混凝土的水灰比,从而减少孔隙率,最终提高混凝土的抗冻性。

(2) 严格控制水灰比,提高混凝土密实度。为了提高混凝土的抗冻性,必须降低水灰比,当前最为有效的措施是掺加减水剂,特别是高效减水剂。

(3) 加强早期养护或掺入防冻剂防止混凝土早期受冻。混凝土的早期冻害直接影响混凝土的正常硬化及强度增长,因此冬季施工时必须对混凝土加强早期养护或适当加入早强剂或防冻剂,严防混凝土早期受冻。

3. 高强混凝土

高强混凝土是指强度等级在 C60 及以上的混凝土。混凝土强度类别在不同时代和不同国家有不同的概念和划分,现在习惯把 C10～C50 强度等级的混凝土称为普通强度混凝土,C60～C90 强度等级的混凝土称为高强混凝土,C100 以上强度等级的混凝土称为超高强混凝土。

在一般情况下,当混凝土强度等级从 C30 提高到 C60,受压构件可节省混凝土 30%～40%;受弯构件可节省混凝土 10%～20%。

高强混凝土比普通混凝土成本要高一些,但由于减少了截面,使得结构自重减轻,这对自重占荷载主要部分的建筑物具有特别重要的意义。再者,由于梁柱截面缩小,不但解决了肥梁胖柱的不美观问题,还增加了建筑的使用面积。以深圳贤成大厦为例,该建筑原设计用 C40 级混凝土,改用 C60 级混凝土后,其底层面积增大了 $1060m^2$,经济效益十分显著。

由于高强混凝土的密实性能好,抗渗、抗冻性能均优于普通混凝土,因此,高强混凝土除用于高层和大跨度工程外,还大量用于海洋和港口工程,它们耐海水侵蚀和海浪冲刷的能力大大优于普通混凝土,可以提高工程使用寿命。

此外,高强混凝土变形小,可使构件的刚度得以提高,从而大大改善了建筑物的变形性能。

4. 高性能混凝土

高性能混凝土(HPC)是混凝土材料发展的一个重要方向。所谓高性能是指高强度、高耐久性、高流动性等。从强度而言,抗压强度大于 C50 的混凝土即属于高强混凝土。提高混凝土的强度是发展高层建筑、高耸结构、大跨度结构的重要措施。采用高强混凝土,可以减小截面尺寸、减轻自重,因而可获得较大的经济效益,而且,高强混凝土一般也具有良好的耐久性。

(1) 水泥要求质量稳定、需水量低、流动性好、活性高;细骨料应选用洁净的砂,最好是天然河砂,砂子细度模数应大于 2.4;粗骨料宜选用碎石;加入一定量的高效减水剂;掺合优质活性矿物掺合料或硅粉。

(2) 配合比设计必须满足混凝土的强度及施工要求,对于不同强度混凝土水灰比有不同要求;砂率一般控制在 24%~33%;掺入活性矿物掺合料时,不能用等量取代水泥,而要求用超量取代法计算配合比;当对混凝土其他性能有特殊要求时,可对混凝土组成材料及选料进行适当的调整。

5. 泵送混凝土

泵送混凝土是用混凝土泵或泵车沿输送管运输和浇筑混凝土拌合物。泵送混凝土是一种有效的混凝土拌合物运输方式,速度快、所需劳动力少,尤其适合于大体积混凝土和高层建筑混凝土的运输和浇筑。

1) 可泵性

可泵性是指混凝土拌合物在泵压下在管道中移动时摩擦阻力和弯头阻力之和的倒数,阻力越小,可泵性越好。可泵性用坍落度和压力泌水值双指标来评价。

2) 坍落度损失

坍落度损失是指混凝土拌合物的经时变稠,其原因包括水分蒸发、水泥的早期水化及新形成的少量水化生成物表面吸附水。减缓坍落度损失的措施包括以下几个方面。

(1) 在炎热季节采取措施降低集料温度和水温,在干燥条件下,防止水分过快挥发。

(2) 考虑掺加粉煤灰等矿物掺合料。

(3) 采用高效减水剂的同时,掺加缓凝剂或引气剂。

3) 对原材料和配合比的要求

泵送混凝土的坍落度一般认为在 8~20cm 比较合适,这对水泥用量、品种,集料的形状、种类、粒径和级配以及掺合料都有相应的要求。

6. 道路混凝土

道路混凝土与普通混凝土的主要不同之处在于其抗冲击性和耐磨性能要求较高。道路混凝土需具备较高的抗弯拉强度、高耐磨性、干缩率小、耐久性好和较好的抗疲劳性能。道路混凝土以抗折强度作为强度指标。

原材料选用方面,道路混凝土和普通混凝土有所不同,常常采用道路硅酸盐水泥,对骨料也有相应要求,需满足 JTG/T F30—2017《公路水泥混凝土路面施工技术规范》的相关规定。

道路混凝土面层的材料包括普通混凝土、钢筋混凝土、连续配筋混凝土、钢纤维混凝土、碾压混凝土等。在公路、城市道路及机场路面中,我国目前采用最广泛的是现场浇筑的普通混凝土路面,这类混凝土路面除接缝区和局部范围(边缘或角隅)外,不配置钢筋,也称素混凝土路面。

7. 耐热混凝土

耐热混凝土是指能长期在高温(200~900℃)作用下保持所要求的物理和力学性能的一种特种混凝土。耐热混凝土多用于高炉基础、焦炉基础、热工设备基础及围护结构、护衬、烟囱等。

1) 矿渣水泥耐热混凝土

矿渣水泥耐热混凝土以矿渣水泥为胶结料,重矿渣、黏土碎砖等为耐热粗、细骨料,并以烧黏土、砖粉等做磨细掺合料,其极限使用温度为900℃。

2) 铝酸盐水泥耐热混凝土

铝酸盐水泥耐热混凝土是用高铝水泥或硫铝酸盐水泥,耐热粗、细骨料,高耐火度磨细掺合料及水配制而成。这类混凝土在300~400℃下强度会急剧降低,但残留强度能保持不变,其极限使用温度为1300℃。

3) 水玻璃耐热混凝土

水玻璃耐热混凝土是以水玻璃做胶结材料,掺入氟硅酸钠做促硬剂,以碎铁矿、镁砖等为耐热粗、细骨料,以烧黏土、镁砂粉、滑石粉等为磨细掺合料。这类混凝土在施工时严禁加水,养护时也必须干燥,严禁浇水养护,极限使用温度为1200℃。

4) 磷酸盐混凝土

磷酸盐混凝土是由磷酸铝和高铝质耐火材料、锆英石等制备的粗、细骨料以及磨细掺合料配制而成。这种混凝土的硬化需要在150℃以上烘干,总干燥时间不少于24h,硬化过程不允许浇水,极限使用温度为1500~1700℃。

8. 耐酸混凝土

在酸性介质作用下具有抗腐蚀能力的混凝土叫耐酸混凝土。耐酸混凝土广泛用于化学工业的防酸槽、电镀槽等。

1) 水玻璃耐酸混凝土

在耐酸混凝土中,水玻璃要求模数为2.6~2.8,比重以1.38~1.4为宜,允许采用可溶性硅酸钠做成的水玻璃。固化剂常用工业氟硅酸钠,要求纯度不应少于95%,含水率不得大于1%,其颗粒通过0.125mm筛孔的筛余量不应大于10%,不能受潮结块。磨细掺合料常用石英粉、辉绿岩粉(又叫铸石粉)、瓷料等,其中以铸石粉为最好。细骨料用石英砂,其耐酸率不应小于94%,含水率不应大于1%。粗骨料用英岩、玄武岩、花岗岩等制成的碎石,耐酸率不应小于94%,浸酸安定性合格,含水率不应大于1%。水玻璃耐酸混凝土还要求在适宜的温度(15~30℃)和干燥的空气中进行养护,不得受潮,不得曝晒。

2）硫黄耐酸混凝土

硫黄耐酸混凝土是以硫黄为胶凝材料，聚硫橡胶为增韧剂，掺入耐酸粉料和细骨料，经加热（160～170℃）制成硫黄砂浆，灌入耐酸粗骨料中冷却而成。硫黄耐酸混凝土的抗压强度可达 40MPa 以上，常用于地面、设备基础、储酸池等。

9. 纤维混凝土

纤维混凝土是一种以普通混凝土为基材，外掺各种短切纤维材料而制成的纤维增强混凝土。纤维可控制基体混凝土裂纹的进一步发展，从而提高抗裂性。由于纤维的抗拉强度大、延伸率大，使混凝土的抗拉、抗弯、抗冲击强度及延伸率和韧性得以提高。纤维混凝土的主要品种有石棉水泥、钢纤维混凝土、玻璃纤维混凝土、聚丙烯纤维混凝土、碳纤维混凝土、植物纤维混凝土和高弹模合成纤维混凝土等。

钢纤维混凝土成本高，施工难度也比较大，必须用在最应该用的工程上，如重要的隧道、地铁、机场、高架路床、溢洪道以及防爆防震工程等。

玻璃纤维混凝土对粗细骨料及配合比无特殊要求，与钢纤维混凝土基本类同。玻璃纤维混凝土在力学性能方面比钢纤维混凝土低，抗压强度与未掺纤维的相比，还略有降低，但其韧性很高，可提高 30～120 倍，而且具有较好的耐火性能，主要用于非承重与次要承重的构件上。

聚丙烯纤维混凝土，力学性能不高，抗压强度也无明显提高，唯抗冲击强度较高，可提高 2～10 倍，收缩率可降低 75%，可用于非承重的板、停车场等。

10. 聚合物混凝土

在混凝土中引入聚合物可制成聚合物混凝土，与普通混凝土相比，聚合物混凝土具有抗拉、抗折强度高，延性、黏结性、抗渗性、抗冲击性以及耐磨性好等特点，但是耐热、耐火、耐候性较差，主要用于铺设无缝地面，也常用于修补混凝土路面和机场跑道面层、防水层等。

1）聚合物浸渍混凝土

聚合物浸渍混凝土是指将有机物单体渗入混凝土中，然后用加热或放射线照射的方法使其聚合，从而使混凝土与聚合物形成一个整体。该混凝土的制作工艺通常是在混凝土制品成型、养护后，先干燥至恒重并在真空罐内抽真空，然后使单体浸入混凝土中，浸渍后再在 80℃ 湿热条件下养护或用放射线照射从而使单体聚合。聚合物浸渍混凝土因造价高、工艺复杂，目前只应用于一些特殊场合。

2）聚合物胶结混凝土

聚合物胶结混凝土是指完全以液体树脂为胶凝材料的混凝土，所用的骨料与普通混凝土相同。聚合物胶结混凝土常用的树脂有不饱和聚酯树脂、酚醛树脂和环氧树脂等，以树脂完全取代水泥作为胶结材料。

3）聚合物水泥混凝土

聚合物水泥混凝土是指以有机高分子材料代替部分水泥，并与水泥共同作为胶结材料的混凝土。该混凝土的制作工艺与普通混凝土相似，在加水搅拌时掺入一定量的有机物及其辅助剂，经成型、养护后，其中的水泥与聚合物同时固化。聚合物水泥混凝土与普通混凝土相比，具有抗拉、抗折强度高，延性、黏结性、抗渗性、抗冲击性以及耐磨性好等特点，但是耐热、耐火、耐候性较差，主要用于铺设无缝地面，也常用于修补混凝土路面和机场跑道面层、防水层等。

思 考 题

1. 普通混凝土的主要组成材料有哪些？
2. 配制混凝土应考虑哪些基本要求？
3. 何谓集料级配？集料级配良好的标准是什么？
4. 何谓混凝土减水剂？简述作用机理和种类。
5. 什么是混凝土和易性？
6. 混凝土的流动性如何表示？
7. 高性能混凝土的特点是什么？

本 章 小 结

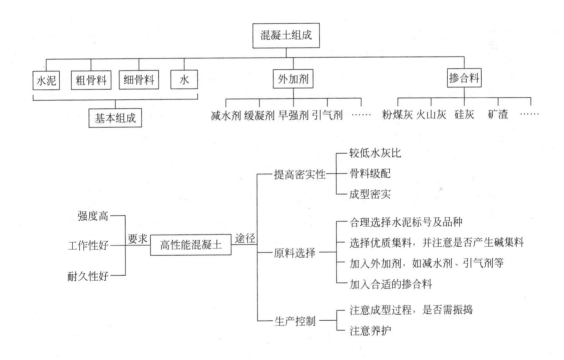

【拓展阅读】 中国奇迹

2010年4月8日，随着第十台机组正式并网发电，全长9285m的麦洛维大坝竣工，苏丹，自此成为首个拥有先进电网的非洲国家。这是中国人用不到6年时间成功截断世界第一长河，在非洲修建的全球最长大坝。

非洲大陆的本格拉铁路、蒙内铁路、亚吉铁路,全部采用中国标准和中国设备。本格拉新铁路通车后,与安赞、坦赞铁路及周边国家铁路网接轨,形成了横穿非洲、全程4300km的国际铁路大通道。在阿拉伯半岛的沙漠腹地,中国为当地修建了最高时速达360km的麦麦高铁,这是世界上沙漠地带最快的双线电气化高速铁路。

在中国独创的技术和设备加持下,孟加拉国帕德玛大桥被英国《卫报》评为"世界新七大奇迹之一";中国援建马尔代夫的"中马友谊大桥",是世界首座建在珊瑚礁上的跨海大桥;中国在泰国修建的曼谷拉马八桥,印在了2003年新发行的20元泰铢上。

除水坝、铁路、大桥之外,埃及新首都中央商务区(CBD)项目、沙特吉赞经济城、科伦坡人工岛港口城、吉隆坡双子塔,也是中国建设者们留下的闪亮名片。

中国的桥梁、地铁、高铁、公路也不断走进欧美等发达国家市场。

2013年9月,中国上海振华重工公司承建的美国旧金山—奥克兰海湾大桥东段新桥正式通车,成为美国的地标性建筑;同样是2013年,上海振华重工承建的世界最大跨双车道窄幅桥面悬索桥——挪威哈当厄尔大桥也成功开通;5年后,四川路桥承建的挪威哈罗格兰德大桥也正式通车。由于桥址距离北极圈只有200km,因此也被称为"极光之桥"。

在2020年公布的ENR"全球承包商250强"榜单中,中国以74家入围企业名列榜首,入围企业的数量比美、日、韩加起来还多。

在"全球承包商250强"承包的国际基建项目中,中国企业的项目占25.4%,相当于每4个国际基建项目中就有1个有中国企业的身影。

截至2018年年底,中国高铁营业总里程已达到3万km,超过全球高铁总里程的2/3,是当之无愧的"世界第一"。全国高速公路里程14.3万km,也是世界第一。

2017年,全球有144栋高层建筑完工,中国独占76栋;世界跨度超400m的斜拉桥114座,中国占了59座;全球十大港口,中国占7个。

这些中国奇迹,已经让全世界对中国刮目相看。每一项超级工程背后,都是成千上万名工程师、技术人员、工人、设备共同合作的奏鸣曲,是中国人艰苦奋斗精神的体现。

第5章 墙体材料

【学习目标】
1. 了解墙体材料的发展方向。
2. 了解墙体材料的主要形式。
3. 了解制作墙体材料的胶凝材料及方法。

5.1 概 述

本章主要介绍常用的三类砌筑墙体的材料——砌墙砖、墙用砌块和板材,要求掌握墙体材料的品种、技术性能及应用范围,了解墙体材料的发展趋势和墙体材料的最新动态,以便合理选用及开发新型墙体材料。

墙体材料是建筑工程中最重要的材料之一,与建筑物的功能、自重、成本、工期及建筑能耗等均有直接的关系。

我国传统的墙体材料是黏土砖瓦,秦砖汉瓦反映了我国悠久的历史文明。但由于实心黏土砖的生产要消耗大量的土地资源和煤炭资源,同时造成严重的环境污染,且实心黏土砖尺寸小、自重大、施工效率低,舒适性上也难以满足人们对建筑使用功能的要求,因此1992—1999年我国陆续出台墙改工作有关政策法规,通过征收墙改专项费用等行政手段,开展墙材革新工作,并限制使用实心黏土砖。从2000年开始,沿海城市和其他土地资源稀缺的城市禁止使用实心黏土砖,并根据可能的条件,限制其他黏土制品的生产和使用。2011年国家发改委发布了《"十二五"墙体材料革新指导意见》,要求加快新型墙体材料发展步伐,鼓励新型墙体材料向轻质化、高强化、复合化发展,重点推进节能保温、高强防火、利废环保的多功能复合一体化新型墙体材料的生产和应用,大力发展以煤矸石、粉煤灰、脱硫石膏等为主要原料的新型墙体材料产品。在大宗固体废弃物产生和堆存量大的地区优先发展高档次、高掺量的利废新型墙体材料产品;在人均耕地少、砂石资源比较丰富的地区优先发展混凝土制品;在自然资源匮乏、黏土资源比较丰富的地区适当发展空心化、多功能的黏土砌块制品。

在一般房屋建筑中,建筑材料的70%是墙体材料,约占房屋建筑总重的50%,因此合理选择墙材,对建筑的功能、安全及造价等均有重要意义。

按使用部位墙体材料分为内墙材料、外墙材料。外墙材料在强度、抗冻性、抗渗性、保温隔热性等方面比内墙材料有更高的要求;按承载能力墙体材料分为承重墙材料和非承重墙材料;按产品外形墙体材料可分为砖、砌块和板材。

5.2 砖

砖作为世界上最古老的建筑材料之一,历史非常悠久。目前世界上最古老的砖坯是在底格里斯河上游的 Cayonu 地区发现的,足有 9500 年的历史。中国在蓝田出土的五块残砖距今已有 5000 多年历史。传统的砖一般是采用黏土作为原料,通过晾晒或烧制的方法制成。

5.2.1 原料

1. 黏土原料

黏土原料是天然岩石经过长期自然风化而成的多种矿物的混合体,常见的矿物成分有高岭石、蒙脱石、水云母等。

根据耐火度的不同,黏土可分为耐火黏土、难熔黏土和易熔黏土。烧结砖采用的是砂质易熔黏土。

2. 工业废渣原料

工业废渣原料包括煤矸石、粉煤灰、煤渣等工业固废。

(1) 煤矸石。煤矸石是采煤过程和洗煤过程中排放的固体废物,是在成煤过程中与煤层伴生的一种含碳量较低、比煤更坚硬的黑灰色岩石。煤矸石是煤矿的废料,化学成分波动较大,其中热值相对较高的黏土质煤矸石适合烧砖。制作原料砖时,需将煤矸石粉碎成适当细度的粉料,再根据其含碳量及可塑性进行配料。

(2) 粉煤灰。从煤燃烧后的烟气中收集下来的细灰称为粉煤灰,是燃煤电厂排出的主要固体废物。粉煤灰是我国当前排量较大的工业废渣之一,现阶段我国年排渣量已达 3000 万吨。随着电力工业的发展,燃煤电厂的粉煤灰排放量逐年增加,粉煤灰的处理和利用问题受到社会的广泛关注。

(3) 煤渣。煤渣是火力发电厂、工业和民用锅炉及其他燃煤设备排出的废渣,是工业固体废物的一种,又称炉渣。根据煤渣成分的不同,除用于制砖及用于制造水泥和耐火材料等,还可从中提取稀有金属。

5.2.2 生产工艺

以黏土、页岩、煤矸石、粉煤灰等为原料烧制普通砖时,其生产工艺基本相同,过程为:配料→调制→制品成型→干燥→焙烧→成品。

1. 烧结砖

烧结砖是通过焙烧工艺制成的墙砖,根据砖的孔洞率分为烧结普通砖、烧结多孔砖和烧结空心砖。

1) 烧结普通砖

(1) 分类和规格。烧结普通砖是以黏土、页岩、粉煤灰、煤矸石等为主要原料,经成型、焙烧等工序制成的实心或孔洞率小于 15% 的砖。

① 分类：按主要原料分为黏土砖(N)、页岩砖(Y)、粉煤灰砖(F)和煤矸石砖(M)。这几类砖的原料来源及生产工艺略有不同，但产品的性质和应用几乎完全一样。

② 规格：烧结普通砖的规格为240mm×115mm×53mm。

(2) 主要技术性质如下。

① 强度等级：根据GB/T 5101—2017《烧结普通砖》中的规定，烧结普通砖的强度等级按抗压强度平均值结果分为MU30、MU25、MU20、MU15、MU10。

② 质量等级：根据尺寸偏差、外观质量、泛霜和石灰爆裂几个因素可将烧结普通砖分为优等品(A)、一等品(B)、合格品(C)。

黏土砖有红砖和青砖两种。若窑中为氧化气氛，砖中的氧化铁会氧化成红色的高价氧化铁，烧成的砖呈红色，即得红砖；如果砖坯在还原气氛中焙烧，使红色的高价氧化铁还原为青灰色的低价氧化铁，即得青砖。

(3) 特点与应用。烧结普通砖具有一定的强度，是多孔结构材料，因而具有良好的隔热、透气性。

烧结普通砖作为传统的墙体材料，可用来砌筑建筑物的内外墙体、柱、拱、烟囱、沟道及基础等。其中，优等品可用于清水墙和装饰墙；一等品及合格品用于混水墙；中等泛霜的砖不能用于潮湿部位；不得使用欠火砖、酥砖和螺旋纹砖。

注意：在砌筑前必须预先将砖进行吸水润湿，否则水泥砂浆不能正常水化和凝结硬化。

2) 烧结多孔砖和烧结空心砖

普通烧结砖有自重大、体积小、生产能耗高、施工效率低等缺点。相反，用烧结多孔砖和烧结空心砖代替烧结普通砖，可使建筑物自重减轻30%左右，节约黏土20%~30%，节省燃料10%~20%，墙体施工功效提高40%，并能改善砖的隔热、隔声性能。通常在相同的热工性能要求下，用空心砖砌筑的墙体比用实心砖砌筑的墙体减薄半砖左右，所以推广使用多孔砖和空心砖是加快我国墙体材料改革、促进墙体材料工业技术进步的重要措施之一。

烧结多孔砖和烧结空心砖均以黏土、页岩、煤矸石为主要原料，经焙烧制成。孔洞率大于或等于15%、孔的尺寸小而数量多、常用于承重部位的砖称为多孔砖；孔洞率大于或等于35%、孔的尺寸大而数量少、常用于非承重部位的砖称为空心砖，如图5-1所示。

(a) 多孔砖　　　　　　(b) 空心砖

图 5-1　多孔砖和空心砖

(1) 外形和规格。烧结多孔砖和烧结空心砖均为直角六面体，其技术性能应满足国家标准GB/T 13544—2011《烧结多孔砖和多孔砌块》的要求。烧结多孔砖和烧结空心砖的规格尺寸有190mm×190mm×90mm(M型)和240mm×115mm×90mm两种，其他规格尺寸由供需双方协商确定。

① 孔型：GB/T 13544—2011《烧结多孔砖和多孔砌块》规定，所有烧结多孔砖孔型均为矩形孔或矩形条孔，孔的四个角应做成过渡圆角，不得做成直尖角，方向尺寸必须平行于砖的条面。

② 孔洞率：即砌块的孔洞和槽的体积总和与按外形尺寸算出的体积之比的百分率。

③ 分类：GB/T 13544—2011《烧结多孔砖和多孔砌块》规定，根据抗压强度，烧结多孔砖分为 MU30、MU25、MU15、MU20、MU10 五个强度等级。密度等级分为 1000、1100、1200、1300 四个等级。

(2) 耐久性。烧结多孔砖的耐久性要求主要包括泛霜、石灰爆裂和抗风化性能，各质量等级烧结多孔砖的泛霜、石灰爆裂和抗风化性能要求与烧结普通砖相同。

烧结多孔砖和烧结空心砖的技术要求，如尺寸允许偏差、外观质量、强度和耐久性等均按 GB/T 2542—2012《砌墙砖试验方法》规定进行检测。

(3) 特点与应用。烧结多孔砖为大面有孔洞的砖，孔多而小，表观密度为 1400kg/m³ 左右，强度较高，使用时孔洞垂直于承压面，主要用于砌筑六层以下承重墙；空心砖为顶面有孔洞的砖，孔大而少，表观密度在 800～1100kg/m³，强度低，使用时孔洞平行于受力面，用于砌筑非承重墙。

2. 非烧结砖

不经焙烧而制成的砖均称为非烧结砖。

非烧结砖根据所用原料分为灰砂砖、粉煤灰砖、煤渣砖等；按照养护方式分为蒸压砖和蒸养砖。经高压蒸汽养护硬化而制成的一类砌墙砖制品称为蒸压砖；经常压蒸汽养护硬化而制成的一类砌墙砖制品称为蒸养砖。

1) 蒸压灰砂砖(简称灰砂砖)

以石灰和砂为主要原料，经坯料制备、压制成型、蒸压养护而成的实心灰砂砖，称为蒸压灰砂砖。

由于蒸压灰砂砖原材料来源广泛，生产技术成熟，产品表面平整，尺寸准确，性能优良，且制砖总能耗较黏土砖低 30%，可节省黏土资源，有利于保护环境，减少耕地土地的损失，同时可节省大量的煤炭资源，符合我国新型墙体材料的发展方向，因此是国家提倡和鼓励优先发展的墙体材料，属节能建筑材料。

(1) 规格尺寸和质量等级如下。

① 规格尺寸：目前我国常用的蒸压灰砂砖规格尺寸为 240mm×115mm×53mm。根据 GB/T 11945—2019《蒸压灰砂砖》中的规定，按尺寸偏差、外观质量可将蒸压灰砂砖分为 A(优等品)、B(一等品)、C(合格品)三个等级。

② 质量等级：按抗压强度和抗折强度分为 MU25、MU20、MU15、MU10 四个强度等级，产品名称代号为 LSB。

(2) 特点与应用。蒸压灰砂砖强度比较高、蓄热能力显著、隔声性能十分优越，属于不可燃建筑材料，可用于多层混合结构建筑的承重墙。

2) 蒸压(养)粉煤灰砖

蒸压(养)粉煤灰砖是以粉煤灰、石灰、石膏以及骨料为原料，经坯料制备、压制成型、高压(常压)蒸汽养护等工艺过程制成的实心粉煤灰砖(见图5-2)。

(1) 规格尺寸和质量等级如下。

① 规格尺寸：目前我国常用的蒸压(养)粉煤灰砖规格主要有 240mm×115mm×

53mm、400mm×115mm×53mm。

② 质量等级：根据行业标准 JC 239—2014《蒸压粉煤灰砖》中的规定，蒸压（养）粉煤灰砖按抗压强度和抗折强度分为 MU30、MU25、MU20、MU15 与 MU10 五个等级；根据外观质量、强度、抗冻性和干缩分为优等品（A）、一等品（B）和合格品（C）。其产品名称代号为 FAB。

(2) 特点与应用。蒸压（养）粉煤灰砖采用压制成型，所以外观平整，与普通黏土砖相比，抗压强度高、热工性能好，自重也比普通黏土砖轻 30%左右，节能环保。因为在生产时消耗了大量

图 5-2　蒸压粉煤灰砖

污染环境的粉煤灰，保护了耕地，因此粉煤灰砖是国家重点推广的新型墙体材料之一。

粉煤灰砖可用于工业与民用建筑的墙体和基础，但用于基础或用于易受冻融和干湿交替作用的部位时必须使用 MU15 及以上的砖，不得用于长期受热 200℃以上或受急冷、急热或有酸性介质侵蚀的建筑部位。

3）炉渣砖（又称煤渣砖）

炉渣砖是以炉渣为原料，掺入适量石灰、石膏，经混合、压制成型、蒸养或蒸压养护制成的实心炉渣砖。

(1) 规格尺寸和质量等级如下。

① 规格尺寸：目前我国常用的煤渣砖规格主要有 240mm×115mm×53mm，其他规格尺寸由供需双方协商确定。

② 质量等级：根据行业标准 JC 525—1993《炉渣砖》中的规定，炉渣砖按抗压强度分为 MU25、MU20、MU15 三个强度等级；根据尺寸偏差、外观质量和强度级别分为优等品（A）、一等品（B）、合格品（C）三个质量等级。产品名称代号为 LZ。

(2) 特点与应用。我国是一个以煤为主要能源的国家，民用采暖及供热燃煤锅炉，每年都能产生大量的煤渣废弃物。煤渣砖是以煤渣为主要原料，保温节能型的轻质墙体材料，是国家鼓励推广的新型建筑材料，可用于工业与民用建筑物的墙体和基础，不得用于长期受热 200℃以上或受急冷、急热或有酸性介质侵蚀的建筑部位。

5.3　砌　　块

砌块是一种体积比砌墙砖大的新型墙体材料，制作时可充分利用地方资源和工业废料，不毁耕地，具有原料来源广、生产能耗低、制作方便、造价低廉、自重较轻、砌筑方便灵活、适应性强等特点。因砌块提高了施工效率及施工的机械化程度，减轻了房屋自重，改善了建筑物功能，降低了工程造价，因此得以迅速发展，成为我国主导的墙体建筑材料。砌块是砌筑用的人造块材，外形多为直角六面体，也有各种异形（见图 5-3）。

砌块按不同分类有以下几种。

(1) 按规格尺寸可分为小型空心砌块（主规格高度 115～380mm），可直接用人工砌筑，一

个工人每日可砌 100 块(相当于 1000 块标准砖)以上;中型砌块(380~980mm),采用小型机具即可施工;大型砌块(>980mm)。建筑工程上我国以中小型砌块为主。

(2) 按用途分为承重砌块和非承重砌块。

(3) 按孔洞设置状况分为空心砌块(空心率≥25%)和实心砌块(无孔洞或空心率<25%)。

(4) 按原材料和生产工艺分为蒸压加气混凝土砌块、粉煤灰砌块、普通混凝土砌块、泡沫混凝土砌块、石膏砌块等。

图 5-3 砌块

5.3.1 蒸压加气混凝土砌块

蒸压加气混凝土砌块是在钙质材料(如水泥、石灰)和硅质材料(如砂子、粉煤灰、矿渣)中加入铝粉作加气剂,经加水搅拌、浇筑成型、发气膨胀、预养切割,再经高压蒸汽养护制成的多孔硅酸盐砌块。

1. 规格尺寸和质量等级

蒸压加气混凝土砌块的长度为 600mm;宽度有 100mm、120mm、125mm、150mm、180mm、200mm、240mm、250mm、300mm;高度有 200mm、240mm、250mm、300mm。

根据 GB/T 11968—2020《蒸压加气混凝土砌块》中的规定,砌块按尺寸偏差、外观质量、干密度、抗压强度和抗冻性分为优等品(A)、合格品(B)两个质量等级;按强度分为 A1.0、A2.0、A2.5、A3.5、A5.0、A7.5、A10 七个等级。

2. 特性

(1) 多孔轻质。一般蒸压加气混凝土砌块的孔隙达 70%~80%,平均孔径约为 1mm。蒸压加气混凝土砌块的表观密度小,一般为黏土砖的 1/3,可以减轻建筑物自重,从而降低建筑物的综合造价。

(2) 保温隔热性能好。蒸压加气混凝土在生产过程中内部形成了无数微小的气孔,这些气孔在材料中形成了静空气层,使砌块具有良好的保温隔热性能。用蒸压加气混凝土砌块作墙体材料可降低建筑物在采暖、制冷时的使用能耗,它是国内目前单一墙体材料中性能最优的新型墙体材料。

(3) 吸水导湿缓慢。由于蒸压加气混凝土砌块的气孔大部分为"墨水瓶"结构的气孔,只有少部分是水分蒸发形成的毛细孔,所以孔肚大口小,毛细管作用较差,导致砌块吸水导湿缓慢。

蒸压加气混凝土砌块体积吸水率和黏土砖相近,而吸水速度却缓慢很多,这对砌筑和抹灰有很大影响。在抹灰前采用相同的方式往墙上浇水,黏土砖容易吸足水量,而蒸压加气混凝土砌块则表面看来浇水不少,实则吸水不多;抹灰后黏土砖墙壁上的抹灰层可以保持湿润,而蒸压加气混凝土砌块墙壁抹灰层反被砌块吸去水分,容易产生干裂。

(4) 干燥收缩较大。和其他材料一样,蒸压加气混凝土砌块干燥收缩,吸湿膨胀。在建筑应用中,如果砌块干燥收缩过大,在有约束阻止变形时,收缩形成的应力超过了制品的抗拉强度或黏结强度,制品或接缝处就会出现裂缝。为了避免墙体出现裂缝,必须在结构和建筑上采取一定的措施,最好控制砌块上墙时的含水率在 20% 以下。

(5) 防火性能好,达到了国家一级耐火标准。

(6) 施工方便,可锯、可刨、可钉,可以根据施工要求随意加工。

3. 应用

蒸压加气混凝土砌块广泛用于工业与民用建筑物的内外墙体,可用于多层建筑物的承重墙和框架结构的外墙及隔墙。将蒸压加气混凝土砌块作外墙用,它既是外墙材料,又是保温材料,是目前同类体系中最经济的保温做法。在长期浸水、干湿交替、受酸侵蚀的部位不得使用蒸压加气混凝土砌块。

5.3.2 粉煤灰混凝土小型空心砌块

粉煤灰混凝土小型空心砌块是用粉煤灰、水泥、砂石、适量的增塑剂和水等主要原材料按比例搅拌、成型,经养护制成的混凝土小型空心砌块。

1. 规格尺寸和质量等级

粉煤灰混凝土小型空心砌块的主要规格有 390mm×190mm×190mm。

按照孔的排数,粉煤灰混凝土小型空心砌块分为单排孔(1)、双排孔(2)、三排孔(3)和四排孔(4)四类。

根据 JC 862—2008《粉煤灰混凝土小型空心砌块》中的规定,粉煤灰混凝土小型空心砌块按立方体抗压强度分为 MU3.5、MU5.0、MU7.5、MU10、MU15、MU20 六个等级;按尺寸偏差、干缩性和外观质量分为优等品(A)、一等品(B)和合格品(C)三个产品等级。

2. 特点与应用

粉煤灰混凝土小型空心砌块适用于建筑的墙体和基础,但不适用于长期受高温、受潮的承重墙,也不适用于有酸性介质侵蚀的部位。

5.3.3 普通混凝土小型空心砌块

普通混凝土小型空心砌块是以水泥、粗细集料砂、碎石、水为主要原料,必要时加入外加剂,按一定的比例(重量比)计量配料、搅拌、振动加压或冲击成型,再经养护制成的一种墙体材料,其空心率不小于 25%。

1. 规格尺寸和质量等级

普通混凝土小型空心砌块的主要规格为 390mm×190mm×190mm,其他规格(主要是在长度、厚度上的变化)可由供需双方协商。

根据 GB/T 8239—2014《普通混凝土小型空心砌块》中的规定,普通混凝土小型空心砌块按尺寸偏差和外观质量分为优等品(A)、一等品(B)和合格品(C);按抗压强度分为 MU3.5、MU5.0、MU7.5、MU10、MU15、MU20 六个等级。

2. 特点与应用

普通混凝土小型空心砌块生产不用土、不毁耕地、施工速度快、自重轻,有利于地基处理和抗震性。

普通混凝土小型空心砌块适用于地震设计烈度为 8 度和 8 度以下地区的一般工业与民

用建筑的墙体,也用于多层建筑的内外墙,框架、框剪结构的填充墙,市政工程的挡土墙等。

注意：5层及以上房屋的墙以及受振动或层高大于6m的墙、柱所用砌块的最低强度不小于MU7.5。安全等级为一级或设计使用年限大于50年的房屋墙体所使用砌块的最低强度应至少提高一级。

5.3.4 轻骨料混凝土砌块

轻骨料混凝土砌块由水泥、砂、轻粗骨料、水等经搅拌成型制成。常用的轻骨料有陶粒、煤渣、自燃煤矸石和膨胀珍珠岩等。

1. 规格尺寸和质量等级

轻骨料混凝土砌块按砌块孔的排数分为五类：实心(0)、单排孔(1)、双排孔(2)、三排孔(3)和四排孔(4)。

根据GB/T 15229—2011《轻集料混凝土小型空心砌块》中的规定,轻骨料混凝土砌块按尺寸允许偏差、外观质量分为一等品(B)和合格品(C)；按砌块强度分为MU1.5、MU2.5、MU3.5、MU5.0、MU7.5和MU10.0六个等级。

2. 特点与应用

轻骨料混凝土砌块具有轻质、保温隔热性能好、抗震性能好等特点,主要应用于非承重结构的维护和框架结构的填充墙。

注意：由于轻集料混凝土小型空心砌块的温度变形和干缩变形大于烧结普通砖,因此,为防裂缝可根据具体情况设置伸缩缝,在必要的部位增加构造钢筋。

5.3.5 泡沫混凝土砌块

泡沫混凝土砌块是用物理方法将泡沫剂水溶液制备成泡沫,再将泡沫加入水泥基胶凝材料、集料、掺合料、外加剂和水等制成的料浆中,经混合搅拌、浇筑成型、自然或蒸汽养护而成的轻质多孔混凝土砌块,也称发泡混凝土砌块。

1. 规格尺寸和质量等级

泡沫混凝土砌块主要规格为长400mm、600mm；宽100mm、150mm、200mm、250mm；高200mm、300mm。

根据JC/T 1062—2001《泡沫混凝土砌块》中的规定,泡沫混凝土砌块按立方体抗压强度分为A0.5、A1.0、A1.5、A2.5、A3.5、A5.0、A7.5七个等级；按砌体尺寸偏差和外观质量分为一等品(B)和合格品(C)两个级别。

2. 特点与应用

(1) 轻质高强、减轻荷载。其他砖的容重一般高于800kg,而泡沫混凝土砌块的容重低于600kg。

(2) 保温隔热、节约能源。目前市场上使用的加气砖保温系数一般在0.15~0.17W,而泡沫混凝土的保温系数一般在0.08~0.125W,可作为一种保温材料直接用于墙体施工。

(3) 生产工艺比加气砖简单、能耗低。

泡沫混凝土砌块适用于有保温隔热要求的民用与工业建筑的墙体和屋面及框架结构的填充墙。

5.3.6 装饰混凝土砌块

装饰混凝土砌块主要材料为水泥、砂、石、颜料等。利用粉煤灰、煤矸石等工业废渣和尾矿搅拌,也可制成不同色泽的装饰混凝土砌块制品。

1. 规格尺寸和质量等级

装饰混凝土砌块基本尺寸为长390mm、290mm、190mm;宽290mm、240mm、190mm、140mm、90mm;高190mm、90mm。

根据JC/T 641—2008《装饰混凝土砌块》中的规定,装饰混凝土砌块按抗压强度分为MU10、MU15、MU20、MU25、MU30、MU35、MU40七个等级。

2. 特点与应用

装饰混凝土砌块除具有普通混凝土砌块的优点外,还把装饰、防水、保温、隔热以及吸音融为一体,具有多种功能。

装饰混凝土砌块靠饰面的颜色、形貌、花纹、露出集料等方法获得理想的装饰效果,可用于一般工业与民用建筑的填充墙,市政、交通、园林、水利等土建工程,也可用于雕塑工艺制品等。

5.3.7 石膏砌块

石膏砌块是以建筑石膏为主要原材料,经加水搅拌、浇筑成型和干燥制成的轻质建筑石膏制品,可加入纤维增强材料或轻集料,也可加入发泡剂。

石膏砌块按其结构特性,可分为石膏实心砌块(S)和石膏空心砌块(K);按其石膏来源,可分为天然石膏砌块(T)和化学石膏砌块(H);按其防潮性能,可分为普通石膏砌块(P)和防潮石膏砌块(F);按成型制造方式,可分为手工石膏砌块和机制石膏砌块。

1. 尺寸规格和质量等级

石膏砌块基本尺寸为长666mm(600);宽60mm、80mm、90mm、100mm、120mm、150mm、200mm;高500mm。

根据JC/T 698—2010《石膏砌块》中的规定,石膏砌块的抗压强度≥3.5MPa。

2. 特点与应用

石膏砌块除具有石膏一系列的优点外,在作为内墙材料使用时,因表面平整,两面无须抹灰,可增加建筑净面积,减轻墙体自重,减少建筑荷载,节省施工、装修成本。石膏砌块是一种新型墙体材料,符合低碳环保、健康的标准,是世界公认的绿色建筑材料。

石膏砌块广泛应用于工业和民用建筑的内隔墙。

5.4 其他墙体材料

墙体材料改革是一个重要且难度大的问题。发展新型墙体材料不仅仅是让其取代实心黏土砖,还有其他很多原因。首要的是保护环境、节约资源和能源;其次是满足建筑结构体系的发展,包括抗震以及多功能;另外是给传统建筑行业带来变革性,摆脱人海式施工,采用工厂化、现代化、集约化施工方式。在欧洲、日本等经济发达国家墙板已成为非承重墙材的主流。

墙板按外形可分为大型墙板、条板和薄板。大型墙板是指尺寸相当于整个房屋开间(或进深)的宽度和整个楼层的高度,配有构造钢筋的墙板;条板是指可竖向或横向装配在龙骨或框架上作为墙体使用的长条形板材。

墙板按材质可分为轻质板材类(平板和条板)与复合板材类(外墙板、内隔墙板、外墙内保温板和外墙外保温板)。常用的板材产品有纤维水泥板、建筑石膏板、玻璃纤维增强水泥轻质多孔隔墙条板、硅酸钙板、加气混凝土板、纤维增强低碱度水泥建筑平板、植物纤维板、金属面聚苯乙烯夹芯板等。

框架轻板建筑的特点是把建筑物中的承重和围护两大部分明确分工,即采用钢筋混凝土材料制作梁、板、柱、楼板,组成框架承受荷载;采用轻质、建筑功能良好的板材作内外墙板,通过各种构造措施支承在框架上,墙板不承重,只起围护和分隔作用。内墙板(要求隔音、防水、装饰性能)大多采用石膏空心条板、GRC板、纸面石膏板、加气混凝土板等;外墙板(要求保温、隔热、防水、抗冲击性能好)大多采用加气混凝土板、复合外墙板。

5.4.1 大型墙板

大型墙板一般以房间的整个开间为宽度尺寸,以层高为高度尺寸,可以预留门窗洞、预做外饰面,结构形式有预应力钢筋混凝土、钢筋增强轻质混凝土、复合墙板等(见图5-4)。

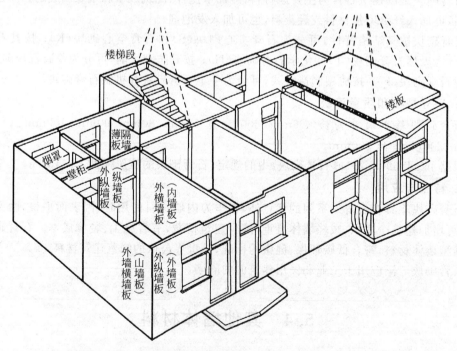

图 5-4 装配式大型墙板建筑示意图

钢丝网水泥夹芯复合板材又称泰柏板（网塑夹芯板），是一种新型内墙板，以阻燃型发泡聚苯乙烯板做芯材，外层以镀锌钢丝笼格做骨架，在施工现场定位后，以机械或人工方式在两侧表面施加砂浆抹面，或进行其他饰面装饰。该墙材具有轻质保温、施工快捷等优点，但也有耐热及耐火性差的致命缺点，在公共建筑、高层建筑中禁止使用。

5.4.2 条板

条板一般为内墙板，也可作外墙挂板，宽度600mm，高度等于房间层高，结构形式有实心板、空心板、复合保温板等，常见产品有预应力钢筋混凝土空心墙板、蒸压加气混凝土板（NALC）、玻璃纤维增强水泥多孔板（GRC板）、石膏空心条板、发泡聚苯乙烯复合彩色钢板（夹芯彩钢板）、稻草板等。施工时，条板拼缝处以专用黏合剂黏结，并以胶带贴合，防止开裂。该墙材具有墙体薄、施工快捷、不需粉刷层、减少现场湿作业等优点（见图5-5）。

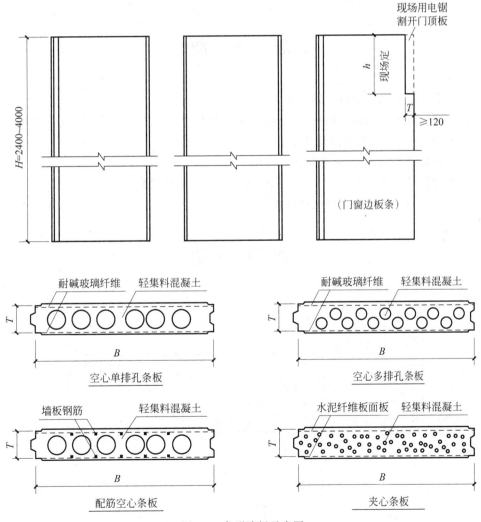

图 5-5 条形墙板示意图

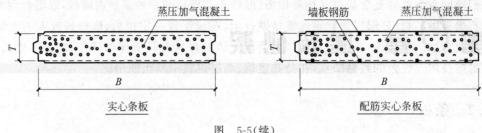

图 5-5(续)

5.4.3 薄板

薄板一般用作以轻钢龙骨为支撑体系的内隔墙,板材形式有纤维增强、表面贴纸增强等。薄板常见产品有纸面石膏板、纤维增强石膏板、纤维增强低碱水泥板(TK板)等。

思 考 题

1. 目前所用的墙体材料有哪几类?各自有何特点?
2. 烧结普通砖、多孔砖和空心砖有何区别?根据什么来区分它们的强度等级和产品等级?其各自的规格和主要用途是什么?
3. 什么是蒸压灰砂砖、粉煤灰砖?它们的特点及主要用途是什么?
4. 墙用板材主要有哪些品种?它们的特点及主要用途是什么?
5. 如何根据工程特点合理选用墙体材料?

本 章 小 结

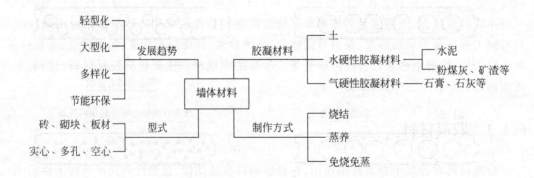

第6章 建筑砂浆

【学习目标】
1. 了解砂浆的分类及作用。
2. 了解不同砂浆的性能要求。

砂浆作为一种建筑材料,在建筑工程中用量很大、用途广泛。砂浆可以把散粒材料、块状材料、片状材料等胶结成整体结构,也可以装饰、保护主体材料。本章主要介绍砂浆的组成、砂浆的技术要求、砌筑砂浆的配合比计算以及其他砂浆。

砂浆的分类有以下几种。

(1) 按所用胶凝材料的不同可分为水泥砂浆、石灰砂浆和混合砂浆等。

(2) 按用途可分为砌筑砂浆、抹灰砂浆、装饰砂浆、防水砂浆以及耐酸防腐、保温、吸声等特种用途砂浆。

(3) 按生产形式可分为现场拌制砂浆和预拌砂浆;预拌砂浆按其干湿状态可分成湿拌砂浆和干拌砂浆。

6.1 砂浆的组成材料

砂浆是由胶凝材料、颗粒状细骨料、矿物掺合料、水以及其他根据需要加入的各种添加剂,按一定比例配制而成的一类建筑工程材料。砂浆在建筑工程中起着黏结、衬垫、传递荷载以及装饰等作用。例如在砌体结构中,砂浆薄层可以把单块的砖、石以及砌块等黏结起来构成整体;大型墙板和各种构件的接缝也可用砂浆填充;墙面、地面及梁柱结构的表面都可用不同砂浆抹面,既能满足装饰要求又能起到保护构件的作用。砂浆根据使用的胶凝材料不同大致可分为地面砂浆、保温节能砂浆、装饰砂浆、纤维防裂砂浆、防水砂浆、防腐砂浆、防辐射砂浆、防静电砂浆以及吸声砂浆等。砂浆的组成材料主要包括胶凝材料、骨料、水及添加剂等。

6.1.1 胶凝材料

胶凝材料在砂浆中起着胶结作用,它是影响砂浆流动性、黏聚性和强度等技术性质的主要组分。

砂浆常用的胶凝材料有水泥、石灰、建筑石膏和有机胶凝材料等,在选用时应根据使用环境、用途等合理选择。在干燥条件下使用的砂浆既可选用气硬性胶凝材料(石灰、石膏),也可选用水硬性胶凝材料(水泥);若是在潮湿环境或水中使用的砂浆,则必须使用水硬性胶凝材料(水泥)。

1. 水泥

水泥宜采用通用硅酸盐水泥或砌筑水泥,且应符合现行国家标准 GB/T 175—2020《通用硅酸盐水泥》和 GB/T 3183—2017《砌筑水泥》的规定。水泥强度等级应根据砂浆品种及强度等级的要求进行选择,例如 M15 及以下强度等级的砌筑砂浆宜选用 32.5 级的通用硅酸盐水泥或砌筑水泥;M15 以上强度等级的砌筑砂浆宜选用 42.5 级的通用硅酸盐水泥。

2. 石膏

石膏是一种以硫酸钙为主要成分的气硬性胶凝材料。常用的石膏种类有建筑石膏、高强石膏、无水石膏、高温煅烧石膏等。建筑石膏凝结硬化速度快,硬化时体积微膨胀,硬化后孔隙率较大,表观密度和强度较低,防火性能良好,耐水性、抗冻性和耐热性差,故其主要用途是制备石膏抹灰砂浆等。

3. 石灰

为了改善砂浆的和易性和节约水泥,常在砂浆中掺入适量的石灰。为了保证砂浆的质量,经常将生石灰先熟化成石灰膏,然后用孔径不大于 3mm×3mm 的网过滤,且熟化时间不得少于 7d;如用磨细生石灰,其熟化时间不得小于 2d。沉淀池中存储的石灰膏应采取防止干燥、冻结和污染的措施。严禁使用脱水硬化的石灰膏。消石灰粉不得直接用于砂浆中。

4. 高分子聚合物

在许多有特殊要求和特定环境中的结构可采用聚合物作为砂浆的胶凝材料。由于聚合物为线型或体型(网状)高分子化合物,黏性好,在砂浆中可呈膜状大面积分布,因此可提高砂浆的黏结性、韧性和抗冲击性,同时也有利于提高砂浆的抗渗、抗碳化等耐久性能,但是可能会使砂浆抗压强度下降。

6.1.2 骨料

砂浆所用的骨料从粒径来分,可分为细骨料和细填料两大类。

配制砂浆的细骨料最常用的是天然砂。砂应符合 JGJ 52—2006《普通混凝土用砂、石质量及检验方法标准》的技术性质要求。砂的粗细程度对砂浆的水泥用量、和易性、强度及收缩等影响很大。由于砂浆层较薄,砂的最大粒径应有所限制,理论上不应超过砂浆层厚度的 1/5~1/4。例如砖砌体用砂浆宜选用中砂,最大粒径以不大于 2.5mm 为宜;石砌体用砂浆宜选用粗砂,砂的最大粒径以不大于 5.0mm 为宜;勾光滑的抹面及勾缝的砂浆宜采用细砂,其最大粒径以不大于 1.2mm 为宜。为保证砂浆质量,尤其在配制高强度砂浆时,应选用洁净的砂。如果砂中含泥量过大,不但会增加砂浆的水泥用量,还会使砂浆的收缩值增大、耐久性降低,因此对砂的含泥量应予以限制,例如砌筑砂浆的砂含泥量不应超过 5%。

细填料又称为矿物掺合材料。矿物掺合料通常可分为两大类:一类是水硬性混合材料,另一类是非水硬性混合材料。水硬性混合材料具有在水中硬化的性质,如粒状高炉矿渣、粉煤灰、硅灰、凝灰岩、火山灰、沸石粉、烧结土、硅藻土等材料;非水硬性混合材料能在常温、常压下与其他物质不起或只起很弱的化学反应,主要是起填充和降低水泥强度的作用,如石英砂粉、石灰石粉等,掺量要严格控制。

6.1.3 水

拌制砂浆用水与混凝土拌合用水的要求相同,均需满足 JGJ 63—2006《混凝土用水标准》的规定,应选用洁净、无杂质的可饮用水来拌制砂浆。为节约用水,经化验分析或试拌验证合格的工业废水也可用于拌制砂浆。

6.1.4 添加剂

为改善或提高砂浆的某些性能,更好地满足施工条件和使用功能的要求,可在砂浆中掺入外加剂。例如为改善砂浆和易性,改善砂浆的稠度和提高砂浆的保水性,可掺入纤维素醚、稠化粉等增稠保水材料;为提高砂浆的抗裂性、抗冻性及保温性,可掺入微沫剂、减水剂等外加剂;为增强砂浆的防水性和抗渗性,可掺入防水剂等;为增强砂浆的保温隔热性能,除选用轻质细骨料外,还可掺入引气剂提高砂浆的孔隙率。但选择外加剂的品种(引气剂、早强剂、缓凝剂、防冻剂等)和掺量必须通过试验确定。当在配有钢筋的砌体用砂浆中掺加氯盐类外加剂时,氯盐掺量按无水状态计算不得超过水泥质量的 1%。混凝土中使用的添加剂对砂浆也具有相同的作用。

6.2 砂浆的技术性质

砂浆的主要技术性质包括新拌砂浆的和易性、凝结时间;硬化后砂浆的强度、与底面的黏结及较小的变形等。

6.2.1 新拌砂浆的技术性质

新拌砂浆应具有良好的和易性。和易性良好的砂浆易在粗糙的砖、石基面上铺成均匀的薄层,且能与基层材料紧密黏结,这样既便于施工操作,提高劳动生产率,又能保证工程质量。砂浆的和易性通常用流动性(稠度)和保水性两项指标来表示。

1. 流动性(稠度)

砂浆的流动性也叫稠度,是指砂浆在自重或外力作用下是否易于流动的性能,用砂浆稠度测定仪测定。流动性的大小以砂浆稠度测定仪的圆锥体沉入砂浆中深度的毫米数(mm)来表示,称为稠度(沉入度)。稠度越大,流动性越好(见图 6-1)。

图 6-1 砂浆稠度仪

影响砂浆流动性的因素有很多,主要与砂浆中掺入的外掺料及外加剂的品种、用量有关,也与胶凝材料的种类、用量、用水量以及细骨料的种类、颗粒形状、粗细程度和级配有关。水泥用量和用水量多,砂子级配好、棱角少、颗粒粗,则砂浆的流动性大。

砂浆流动性的选择与基底材料种类、施工条件以及天气情况等条件有关。对于密实不吸水的砌体材料或湿冷的天气条件,要求砂浆的流动性小一些;反之,对于多孔吸水的砌体材料或干热的天气,则要求砂浆的流动性大一些。砌砂浆和抹灰砂浆施工稠度可参考表6-1和表6-2来选择。

表6-1 砌体砂浆施工稠度　　　　　　　　　　　　　　单位:mm

砌 体 种 类	施工稠度
烧结普通砖、粉煤灰砌体	70～90
混凝土砖砌体、普通混凝土小型空心砌块砌体、灰砂砖砌体	50～70
烧结多孔砖砌体、烧结空心砖砌体、轻集料混凝土小型空心砌块砌体、蒸压加气混凝土砌块砌体	60～80
石砌体	30～50

表6-2 抹灰砂浆施工稠度　　　　　　　　　　　　　　单位:mm

抹灰层	施工稠度
底层	90～110
中层	70～90
面层	70～80

聚合物水泥抹灰砂浆的施工稠度宜为50～60mm,石膏抹灰砂浆的施工稠度宜为50～70mm。

2. 保水性

砂浆的保水性是指新拌砂浆保持其内部水分不泌出流失的能力,也表示砂浆中各组成材料是否易分离的性能。新拌砂浆在存放、运输和使用过程中都必须保证其水分不会很快流失,才能便于施工操作且保证工程质量。如果砂浆的保水性不好,在施工过程中则很容易泌水、分层、离析,并且当铺抹于基底后,水分易被基面很快吸走,从而使砂浆干涩、不便于施工,不易铺成均匀密实的砂浆薄层;水分的损失会影响胶凝材料的正常水化和凝结硬化,降低砂浆本身强度以及与基层材料的黏结强度。因此砂浆要具有良好的保水性。JGJ/T 70—2009《建筑砂浆基本性能试验方法标准》中规定:砂浆保水性检测可通过保水性试验测定,也可用分层度的方法检测。预拌砂浆的保水性能一般采用保水性试验测定。JGJ/T 98—2010《砌筑砂浆配合比设计规程》中规定:水泥砂浆的保水率应大于或等于80%,水泥混合砂浆的保水率应大于或等于84%,预拌砌筑砂浆的保水率应大于或等于88%。

砂浆分层度方法适用于测定砂浆拌合物在运输及停放时内部组分的稳定性,以分层度(mm)表示。分层度的测定是将已测定稠度的砂浆装满到分层度筒内(分层度筒内径为150mm,分为上下两节,上节高度为200mm,下节高度为100mm),轻轻敲击筒周围1～2下,刮去多余的砂浆并抹平,然后静置30min后,去掉上部200mm砂浆,取出剩余100mm砂浆倒在搅拌锅中拌2min再测稠度,前后两次测得的稠度差值即为砂浆的分层度(以mm计)。砂浆合理的分层度应控制在10～30mm,分层度大于30mm的砂浆容易离析、泌水、分层或水分流失过快,不便于施工;分层度小于10mm的砂浆硬化后容易产生干缩裂缝。

3. 凝结时间

砂浆拌合物凝结时间采用贯入阻力法进行测试,用砂浆凝结时间测定仪测定。砂浆的凝结时间不能过短,也不能过长。凝结时间过长,影响后续施工;凝结时间过短,影响砌筑或抹面施工质量。

6.2.2 硬化后砂浆的技术性质

1. 抗压强度和强度等级

砂浆以抗压强度作为其主要强度指标。JGJ/T 70—2009《建筑砂浆基本性能试验方法标准》中规定,砂浆强度等级是使用 $70.7\times70.7\times70.7mm$ 的带底试模按标准方法制作三个立方体试块,同时按标准条件养护至28d,然后测其抗压强度。JGJ/T 98—2010《砌筑砂浆配合比设计规程》中规定:水泥砂浆及预拌砌筑砂浆的强度等级分为 M5、M7.5、M10、M15、M20、M25、M30 共七个等级;水泥混合砂浆的强度等级可分为 M5、M7.5、M10、M15 共四个等级。JGJ/T 220—2010《抹灰砂浆技术规程》中规定:水泥抹灰砂浆的强度等级可分为 M15、M20、M25、M30 共四个等级;水泥粉煤灰抹灰砂浆的强度等级可分为 M5、M10、M15 共三个等级;水泥石灰抹灰砂浆的强度等级可分为 M2.5、M5、M7.5、M10 共四个等级;掺塑化剂水泥抹灰砂浆的强度等级可分为 M5、M10、M15 共三个等级;聚合物水泥抹灰砂浆的强度等级不应小于 M5,石膏抹灰砂浆的抗压强度不应小于 4.0MPa。

2. 黏结性

由于砖、石、砌块等材料是靠砂浆黏结成一个坚固整体并传递荷载的,如抹灰砂浆与墙体材料黏结在一起构成一面墙,地面砂浆与楼板黏结在一起构成楼板层,因此,要求砂浆与基层材料之间应有一定的黏结强度。只有砂浆本身具有一定的黏结力,才能与基层材料黏结得牢,整个砌体的整体性、强度、耐久性及抗震性等才能更好。

砂浆的黏结性通过砂浆拉伸黏结强度试验进行测定,一般砂浆抗压强度越高,其与基层材料的黏结强度就越高。此外,砂浆的黏结强度与基层材料的表面状态、清洁程度、湿润状况以及施工养护等条件也有很大关系,同时还与砂浆的胶凝材料种类有很大关系,加入聚合物可使砂浆的黏结性大为提高。所以砌筑前要给砖浇水使其湿润,控制其含水率在 10%～15%,表面无泥土,这样才能提高砂浆与砖之间的黏结力,保证砌筑质量。

3. 变形性

砌筑砂浆在承受荷载或在温度变化时会产生变形。如果变形过大或不均匀,就容易使砌体的整体性下降,产生沉陷或裂缝,影响整个砌体的质量。抹灰砂浆在空气中也容易产生收缩等变形,变形过大也会使面层产生裂纹或剥离等质量问题。因此要求砂浆应具有较小的变形性。

砂浆变形性的影响因素很多,如胶凝材料的种类和用量,用水量,细骨料的种类、级配和质量以及外部环境条件等。

4. 砂浆的抗冻性

在某些使用环境下,要求砂浆具有一定的抗冻性。凡按照工程技术要求,具有明确冻融循环次数要求的具体砂浆,经冻融循环后,应同时满足质量损失率小于 5%、强度损失率小于 25%。

6.3 砌筑砂浆

砌筑砂浆是指将砖、石、砌块等块材黏结成为砌体,起黏结、衬垫和传力作用的砂浆是砌体的重要组成部分。

6.3.1 砌筑砂浆的技术条件

砌筑砂浆的技术要求包括以下几方面内容。

(1) 砌筑砂浆的强度等级划分为 M5、M7.5、M10、M15、M20、M25、M30 共七个等级。

(2) 水泥砂浆拌合物的密度不宜小于 1900kg/m³,水泥混合砂浆和预拌砌筑砂浆拌合物的密度不宜小于 1800kg/m³。

(3) 砌筑砂浆稠度、保水率、试配抗压强度应同时满足要求。

(4) 水泥砂浆中水泥用量不应小于 200kg/m³;水泥混合砂浆中水泥和石灰膏、电石膏材料总量不应小于 350kg/m³;预拌砌筑砂浆中水泥和替代水泥的粉煤灰等活性矿物掺合料的总量不应小于 200kg/m³。

(5) 有抗冻性要求的砌筑工程,砌筑砂浆应进行冻融试验,且当设计对抗冻性有明确要求时,应符合设计规定。

(6) 砌筑砂浆试配时应采用机械搅拌。搅拌时间应自开始加水时算起,水泥砂浆和水泥混合砂浆,搅拌时间不得少于 120s;预拌砌筑砂浆和掺有粉煤灰、外加剂、保水增稠等材料的砂浆,搅拌时间不得少于 180s。

(7) 水泥砂浆适用于砌筑潮湿环境(如地下)及强度要求较高的砌体;水泥石灰混合砂浆和石灰砂浆不宜用于潮湿环境,一般用于地上砌体。

6.3.2 砌筑砂浆及其配合比设计

砌筑砂浆可根据原材料、工程类别及砌体部位的设计要求,来确定砂浆的强度等级,然后选定其配合比。目前,常用的砌筑砂浆有水泥砂浆和水泥混合砂浆两大类。根据 JGJ/T 98—2010《砌筑砂浆配合比设计规程》中的规定,砌筑砂浆施工配合比确定包括计算、试配、调整及确定 4 个过程。

1. 计算砂浆试配强度($f_{m,0}$)

砂浆的试配强度可按下式确定:

$$f_{m,0} = k f_2$$

式中,$f_{m,0}$——砂浆的试配强度(MPa),精确至 0.1MPa;

k——系数,按表 6-3 取值;

f_2——砂浆强度等级值(MPa),精确至 0.1MPa。

表 6-3　砂浆强度标准差 σ 及 k 值　　　　　　　　　　单位：MPa

施工水平	强度等级 强度标准差 σ							k
	M5	M7.5	M10	M15	M20	M25	M30	
优良	1.00	1.50	2.00	3.00	4.00	5.00	6.00	1.15
一般	1.25	1.88	2.50	3.75	5.00	6.25	7.50	1.20
较差	1.50	2.25	3.00	4.50	6.00	7.50	9.00	1.25

2. 计算每立方米水泥用量（Q_c）

(1) 每立方米砂浆中的水泥用量，应按下式计算：

$$Q_c = 1000(f_{m,0} - \beta)/(\alpha f_{ce})$$

式中，Q_c——每立方米砂浆中的水泥用量（kg），精确至 1kg；

$f_{m,0}$——砂浆的试配强度（MPa），精确至 0.1MPa；

α、β——砂浆的特征系数，其中 α 取 3.03，β 取 -15.09；

f_{ce}——水泥的实测强度（MPa），精确至 0.1MPa。

(2) 在无法取得水泥的实测强度 f_{ce} 时，可按下式计算：

$$f_{ce} = \gamma_c \times f_{ce,k}$$

式中，γ_c——水泥强度等级值的富余系数，该值应按实际统计资料确定，无统计资料时取 $\gamma_c = 1.0$；

$f_{ce,k}$——水泥强度等级对应的强度值（MPa）。

3. 计算每立方米砂浆中石膏用量（Q_d）

水泥混合砂浆石膏的掺量应按下式计算：

$$Q_d = Q_a - Q_c$$

式中，Q_d——每立方米砂浆中石膏用量（kg），应精确至 1kg，石灰膏使用时的稠度宜为 (120±5)mm；

Q_a——每立方米砂浆中水泥和石膏的总量，精确至 1kg，宜为 300~350kg/m³；

Q_c——每立方米砂浆中水泥用量，精确至 1kg。

4. 确定每立方米砂浆中砂子用量（Q_s）

每立方米砂浆中砂子用量，应以干燥状态（含水率小于 0.5%）的堆积密度值作为计算值（kg）。

5. 确定每立方米砂浆中用水量（Q_w）

每立方米砂浆中用水量可根据砂浆稠度等要求选用 210~310kg。每立方米砂浆中用水量的选取需要注意以下几点。

(1) 混合砂浆中的用水量，不包括石灰膏中的水。

(2) 当采用细砂或粗砂时，用水量分别取上限或下限。

(3) 稠度小于 70mm 时，用水量可小于下限。

(4) 施工现场气候炎热或干燥季节，可酌量增加水量。

(5) 水泥砂浆的材料用量可按表 6-4 选用。

表 6-4　每立方米水泥砂浆材料用量　　　　　　　　单位：kg/m³

强度等级	水泥	砂	用水量
M5	200~230	砂的堆积密度	270~330
M7.5	230~260		
M10	260~290		
M15	290~330		
M20	340~400		
M25	360~410		
M30	430~480		

注：M15 及 M15 以下强度等级水泥砂浆，水泥强度等级为 32.5 级；M15 以上强度等级水泥砂浆，水泥强度等级为 42.5 级；当采用细砂或粗砂时，用水量分别为上限或下限；稠度小于 70mm 时，用水量可小于下限；施工现场气候炎热或干燥季节，可酌量增加用水量；试配强度应按标准计算。

（6）水泥粉煤灰砂浆材料用量可按表 6-5 选用。

表 6-5　每立方米水泥粉煤灰砂浆材料用量　　　　　　单位：kg/m³

强度等级	水泥	粉煤灰	砂	用水量
M5	200~240	粉煤灰掺量可占胶凝材料总量的 15%~25%	砂的堆积密度	270~330
M7.5	240~270			
M10	270~300			
M15	300~330			

注：表中水泥强度等级为 32.5 级；当采用细砂或粗砂时，用水量分别为上限或下限；稠度小于 70mm 时，用水量可小于下限；施工现场气候炎热或干燥季节，可酌量增加用水量；试配强度应按标准计算。

6.4　抹灰砂浆

抹灰砂浆是指大面积涂抹于建筑物墙、顶棚、柱等表面的砂浆，包括水泥抹灰砂浆、水泥粉煤灰抹灰砂浆、水泥石灰抹灰砂浆、掺塑化剂水泥抹灰砂浆、聚合物水泥抹灰砂浆及石膏抹灰砂浆等。

凡涂抹在基底材料的表面，兼有保护基层和起到一定装饰作用的砂浆，可统称为抹灰砂浆。对抹灰砂浆的基本要求是应具有良好的和易性和较高的黏结强度。根据抹灰砂浆功能的不同，一般可将抹灰砂浆分为普通抹灰砂浆、特种砂浆（如绝热、防水、吸声、耐腐蚀、防射线砂浆）等。抹灰砂浆的组成材料与砌筑砂浆基本上是相同的，但为了防止砂浆层的收缩开裂，有时需要加入一些纤维材料，或者为了使其具有某些特殊功能需要选用特殊骨料或掺加料。另外，与砌筑砂浆不同，抹灰砂浆的主要技术性质不是抗压强度，而是和易性以及与基底材料的黏结强度。

6.4.1　普通抹灰砂浆

普通抹灰砂浆对建筑物和墙体起到保护作用。它可以抵抗自然环境对建筑物的侵蚀，并提高建筑物的耐久性，同时经过抹面的建筑物表面或墙面又可以达到平整、光洁、美观的效果。常用的普通抹灰砂浆有水泥砂浆、石灰砂浆、水泥混合砂浆、麻刀石灰砂浆(简称麻刀灰)、纸筋石灰砂浆(简称纸筋灰)等。

普通抹灰砂浆通常分为2层或3层进行施工。底层抹灰的作用是使砂浆与基底能牢固地黏结,因此要求底层砂浆具有良好的和易性、保水性和较好的黏结强度;中层抹灰主要是找平,有时可省略;面层抹灰是为了获得平整、光洁的表面效果。各层抹灰面的作用和要求不同,因此每层所选用的砂浆也不一样。同时,不同的基底材料和工程部位,对砂浆技术性能的要求也不同,这也是选择砂浆种类的主要依据。

抹灰砂浆要与工程环境相适宜,水泥砂浆宜用于潮湿或强度要求较高的部位;混合砂浆多用于室内底层或中层或面层抹灰;石灰砂浆、麻刀灰、纸筋灰多用于室内中层或面层抹灰。水泥砂浆不得涂抹在石灰砂浆层上。

6.4.2 粉刷石膏砂浆

粉刷石膏砂浆是一种用于建筑内墙及顶板表面的抹面材料,是传统水泥砂浆的换代产品,由石膏胶凝材料作为基料配制而成。粉刷石膏砂浆作为一种新型的内墙抹面材料,具有轻质、防火、保温隔热、吸音、高强、不收缩、不易开裂、施工方便的特点。在内墙施工中,一直沿用的传统水泥砂浆抹面存在易开裂、空鼓、落地灰多等缺陷。相较而言,粉刷石膏砂浆明显消除了传统材料的通病,且具有许多传统材料无可比拟的优点。

粉刷石膏砂浆的特性包括黏结力强,表面装饰性好,阻燃性好,保温隔热性好,节省工期,施工方便,易抹灰,易刮平,易修补,劳动强度低,耗材少,冬季施工早强快,轻质等。

粉刷石膏砂浆的施工工艺包括施工准备,基层处理,散水润湿墙面,弹性找规矩,贴饼冲筋,备料,抹底层粉刷石膏砂浆,抹面层石膏填泥。

6.5 其他种类砂浆

在建筑工程应用中,除了砌筑砂浆和抹灰砂浆外,按不同胶结材料,砂浆还分为石灰砂浆、水泥砂浆、混合砂浆、石膏砂浆和聚合物砂浆等。随着建筑工程和建筑材料的发展,新型的具有特殊性能要求的砂浆不断涌现出来,本节主要介绍几种新型砂浆。

1. 聚合物砂浆

聚合物砂浆是由胶凝材料、骨料和可以分散在水中的有机聚合物搅拌而成,是使砂浆性能得到很大改善的一种新型建筑材料。聚合物黏结剂是指可再分散乳胶粉类,包括丙烯酸酯、聚乙烯醇、苯乙烯-丙烯酸酯等。聚合物黏结剂作为有机黏结材料与砂浆中的水泥或石膏等无机黏结材料完美地组合在一起,大大提高了砂浆与基层的黏结强度、砂浆的可变形性(即柔性)、砂浆的内聚强度等性能。

聚合物砂浆主要包括聚合物防水砂浆(硬性防水砂浆、柔性双组分防水砂浆)、聚合物保温砂浆(EPS板上抹面抗裂砂浆、黏结砂浆、聚苯颗粒胶浆、玻化微珠无机保温砂浆等)、聚合物地坪砂浆(自流平表层、基层)、聚合物饰面砂浆、聚合物加固砂浆(抗压强度≥55MPa,劈裂抗拉强度≥12MPa)、聚合物抗腐蚀砂浆(抗酸、抗碱、抗盐、抗紫外线、抗高温等)、聚合物修补砂浆、瓷砖黏合剂、界面剂等。聚合物的种类和掺量在很大程度上决定了聚合物砂浆的性能。

2. 保温砂浆

自 20 世纪爆发能源危机以来,世界各国均高度重视各行业节能技术及节能材料的研发和使用,其中耗能较大的建筑业是重点。随着世界建筑能耗大幅度下降,建筑保温材料也得到了迅速的发展和广泛的应用,其中保温砂浆是使用量较大的一种外墙节能材料。保温砂浆通过改变其组分和厚度可以调节墙体围护结构的热阻,改善墙体热工性能,它兼具了砂浆本身及保温材料的双重功能,干燥后可形成具有一定强度的保温层,起到增加保温效果的作用。

保温砂浆由轻质保温骨料、胶凝材料和改性材料组成。胶凝材料主要为硅酸盐类水泥,也有用石膏作为胶凝材料;改性材料为聚合物胶黏剂(可再分散聚合物胶粉或聚合物乳液)、憎水剂、纤维素醚增稠剂、高效减水剂和聚丙烯纤维。保温砂浆按化学成分分为有机保温砂浆和无机保温砂浆两类。目前中国市场上广泛使用的胶粉聚苯颗粒保温砂浆就是有机保温砂浆,而以膨胀珍珠岩、膨胀蛭石、玻化微珠等无机矿物为轻骨料的保温砂浆则为无机保温砂浆。

保温砂浆技术性质除要求其具有较低的导热系数外,还要求其具备一定的黏结强度、变形性能等。GB/T 20473—2021《建筑保温砂浆》给出了无机保温砂浆的性能要求。无机保温砂浆的施工方法是:从材料厂出厂的保温砂浆干粉经过加水搅拌后直接涂抹于墙面。在施工现场,它可直接涂抹在毛坯墙上,施工方法同普通的水泥砂浆。

3. 自流平砂浆

地面自流平材料是一种以无机或有机胶凝材料为基料,加入适宜的外加剂改性,用于地面找平的新型地面材料。它可以在不平的基底上使用,提供一个合适、平整、光滑和坚固的铺垫底层,以架设各种地板材料,例如地毯、木地板、PVC、瓷砖等精找平材料。自流平材料具有非常好的流动性和自光滑能力,且具有快速凝固和干燥的特性,使地板材料在数小时后就可以施工,与各种基底黏合牢固,并且具有低收缩率、高抗压强度和良好的耐磨损性。自流平砂浆即为地面自流平材料的一种。

自流平砂浆是一种以硅酸盐水泥或铝酸盐水泥或硫铝酸盐水泥为胶凝材料,加入颗粒状集料(砂)和粉状填料,并使用可再分散聚合物树脂粉末和各种化学添加剂进行改性,通过一定的生产工艺混合均匀而制成的材料。自流平砂浆具有极好的流动性,倾注于地面后稍经摊铺即能够自动流平,并形成光滑的表面。

4. 干混砂浆

干混砂浆又称干粉砂浆、干拌砂浆,是指由专业生产厂家生产,将经干燥分级处理的细骨料与胶凝材料、保水增稠材料、矿物掺合料和外加剂,经计量后按一定比例混合而成的一种颗粒状或粉状混合物,它既可由专用罐车运输到工地加水拌合使用,也可采用包装形式运到工地拆包加水拌合使用。

干混砂浆的原材料有细集料、水泥、矿物掺合料和外加剂。集料在砂浆组成中一般占有较大的比例,主要还是采用河砂较多。砂子的物理和化学性质应该符合相应要求。不同的产品对砂子粒径有不同的要求,比如砌筑砂浆,石材砌体要求砂的最大粒径应小于砂浆层厚度的 1/5～1/4；砖砌体要求粒径≤2.5mm。抹灰砂浆根据抹灰层次不同也有不同要求,底层、中层要求最大粒径为 2.6mm；面层要求最大粒径为 1.2mm。干粉砂浆的胶凝材料宜选用硅酸盐水泥、普通硅酸盐水泥、矿渣硅酸盐水泥、白水泥、石膏和石灰等,并应符合相应标准。干粉砂浆广泛使用的矿物掺合料有粉煤灰、矿渣微粉、石灰石粉、硅灰等,都属于工业废料,从矿物组成来看,都是含有很高氧化钙的铝硅酸盐和碳酸盐,在水中有不同的溶解性。

干混砂浆拌合物的所有组分均在专业工厂计量、拌合均匀。干混砂浆拌合物用料合理,配料准确,质量稳定,整体强度离散性小；砂浆保水性、和易性好,易于施工；材料损耗、浪费少,利于节约成本；降低了施工现场的粉尘污染和噪声等,改善了城市环境的空气质量,便于文明施工管理；有利于机械化施工和技术进步,是真正意义上的环保、绿色产品。

思 考 题

1. 砂浆与混凝土相比在组成和用途上有何不同？
2. 砂浆的保水性不良,对其质量有什么影响？如何改善？
3. 砂浆的强度与哪些因素有关？
4. 为什么一般砌筑工程中多采用水泥混合砂浆？
5. 简述抹灰砂浆的特点和技术要求。
6. 聚合物砂浆主要有哪些种类？

本 章 小 结

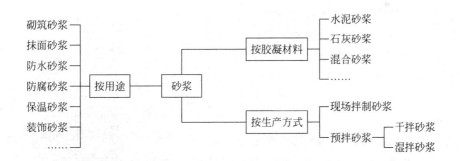

第 7 章 陶瓷、玻璃、石材及土

【学习目标】
1. 了解陶瓷、玻璃、石材及土的基本性能特点。
2. 了解陶瓷、玻璃、石材及土的基本性能要求。

7.1 陶 瓷

陶瓷是陶器与瓷器的统称。传统陶瓷又称普通陶瓷,是以黏土等天然硅酸盐为主要原料烧成的制品;现代陶瓷又称新型陶瓷、精细陶瓷或特种陶瓷,以常用非硅酸盐类化工原料或人工合成原料高温烧结而成。陶瓷具有优异的绝缘、耐腐蚀、耐高温、硬度高、密度低、耐辐射等优点,已在国民经济各领域得到广泛应用。传统陶瓷制品包括日用陶瓷、建筑卫生陶瓷、工业美术陶瓷、化工陶瓷、电气陶瓷等,种类繁多,性能各异。随着高新技术工业的兴起,各种新型特种陶瓷也获得了较大发展,日趋成为卓越的结构材料和功能材料。和传统陶瓷比,新型特种陶瓷具有更高的耐温性能、力学性能、特殊的电性能和优异的耐化学性能。

1. 建筑陶瓷

房屋、道路、给排水和庭院等各种土木建筑工程用的陶瓷制品称为建筑陶瓷,有陶瓷面砖、彩色瓷粒、陶管等。建筑陶瓷,按制品材质分为粗陶、精陶、半瓷和瓷质四类;按坯体烧结程度分为多孔性、致密性以及带釉、不带釉制品。其共同特点是强度高、防潮、防火、耐酸、耐碱、抗冻、不老化、不变质、不褪色、易清洁等,并具有丰富的艺术装饰效果,如图 7-1 所示。

陶瓷面砖是最主要的建筑陶瓷,主要用作墙、地面等贴面的薄片或薄板状陶瓷质装修材料,也可用作炉灶、浴池、洗濯槽等贴面材料。陶瓷面砖有内墙面砖、外墙面砖、地面砖、陶瓷锦砖和陶瓷壁画等,其中,以地面砖用量最大。陶瓷面砖占据我国地板产品市场规模的 50% 以上,是木地板市场的 5 倍。

图 7-1 陶瓷面砖

陶瓷面砖根据其表面施釉与否分为釉面砖和无釉砖,釉面砖由于颜色图像丰盛,而且防污能力强,主要用于卫生间、厨房的墙面和地面。无釉砖主要包括瓷质砖、玻化砖、抛光砖等。这类砖的吸水率较低、损坏强度和开裂模数较高、耐磨性好。玻化砖和抛光砖是经较高温度烧制的瓷质砖,玻化砖是全部瓷质砖中最硬的一种。抛光砖是将玻化砖表面抛光成镜面,从而呈现出缤纷多彩的样式。但是,抛光后砖的气孔成为开口孔,耐污染性相对不强。

2. 陶瓷的生产

(1) 原料制备。原料制备是指采用黏土、石英、长石等天然材料,进行拣选、破碎、磨细、混合等工序。

(2) 坯料成型。坯料成型可以采取可塑成型、注浆成型、压制成型等工序,将原料制作成需要的形状。

(3) 烧成或烧结。烧成是陶瓷制造工艺过程中最重要的工序之一。对坯体来说,烧成过程就是将成型后的生坯在一定条件下进行热处理,经过一系列物理化学变化,然后得到具有一定矿物组成和显微结构、达到所要求的理化性能指标的成坯。

烧成过程一般分为五个阶段:预热阶段(常温至300℃)、氧化分解阶段(300~900℃)、高温阶段(950℃至最高烧成温度)、高火保温阶段、冷却阶段。产品出窑温度一般掌握在100℃以下。

3. 陶瓷的性能

按 GB/T 4100—2015《陶瓷砖》标准,陶瓷砖按成型方法可分为挤压砖和干压砖;按吸水率可分为低吸水率砖(Ⅰ类)、中吸水率砖(Ⅱ类)和高吸水率砖(Ⅲ类)。该标准中对外墙砖、内墙砖、地砖也提出了相应的技术要求。

陶瓷具有以下的性能特点:硬度高,刚度大,耐压,抗弯,不耐拉,在室温几乎没有塑性,韧性差,脆性大,导热性差,抗热振性差(急冷急热容易产生开裂),耐高温,耐火,不可燃,耐老化性好。

7.2 玻 璃

玻璃是非晶无机非金属材料,是用多种无机矿物(如石英砂、硼砂、硼酸、重晶石、碳酸钡、石灰石、长石、纯碱等)为主要原料,另外加入少量辅助原料制成的。玻璃的主要成分是二氧化硅和其他氧化物。普通玻璃的化学组成是 Na_2SiO_3、$CaSiO_3$、SiO_2 或 $Na_2O \cdot CaO \cdot 6SiO_2$ 等,其主要成分是硅酸盐复盐,是一种无规则结构的非晶态固体。

玻璃广泛应用于建筑物,用来制作玻璃幕墙、玻璃门窗、独立浴室、玻璃家具等。

7.2.1 玻璃的分类

玻璃可简单分为平板玻璃和深加工玻璃。平板玻璃一般是指普通玻璃,深加工玻璃一般是指特种玻璃。对普通平板玻璃,不同的厚度决定了它不同的应用场景(见表7-1)。

深加工玻璃是指特种玻璃,常见的可用于建筑材料的特种玻璃有以下几种。

1. 钢化玻璃

现在广泛应用的玻璃幕墙,通常采用的就是钢化玻璃(见图7-2),它是普通平板玻璃经过再加工处理而制成的一种预应力玻璃。钢化玻璃相对于普通平板玻璃来说,具有以下两大特征。

表 7-1　不同厚度平板玻璃应用场合　　　　　　　　　　单位：mm

玻璃厚度	应 用 场 景
3～4	主要用于画框表面
5～6	主要用于外墙窗户、门扇等小面积透光造型等
7～9	主要用于室内屏风等较大面积但又有框架保护的造型之中
9～10	可用于室内大面积隔断、栏杆等装修项目
11～12	可用于地弹簧玻璃门和一些活动人流较大的隔断
15	一般市面上销售较少，往往需要订货，主要用于较大面积的地弹簧玻璃门和外墙整块玻璃墙面

（1）前者强度是后者的数倍，抗拉度是后者的 3 倍以上，抗冲击是后者的 5 倍以上。

（2）钢化玻璃不容易破碎，即使破碎也会以无锐角的颗粒形式碎裂，对人体伤害大大降低。

2．磨砂玻璃和喷砂玻璃

磨砂玻璃也是在普通平板玻璃上面再进行磨砂加工制成，一般厚度在 9cm 以下，以 5cm 或 6cm 居多（见图 7-3）。

图 7-2　玻璃幕墙

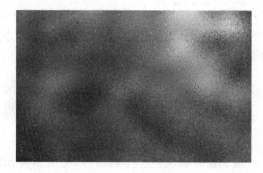
图 7-3　磨砂玻璃

喷砂玻璃在性能上基本与磨砂玻璃相似，不同的是改磨砂为喷砂。由于两者视觉上类同，很多业主，甚至装修专业人员都把它们混为一谈。

3．压花玻璃

压花玻璃是采用压延方法制造的一种平板玻璃，其最大的特点是透光不透明，多用于洗手间等装修区域（见图 7-4）。

4．夹丝玻璃和夹层玻璃

夹丝玻璃是采用压延方法，将金属丝或金属网嵌于玻璃板内制成的一种具有抗冲击性的平板玻璃。夹丝玻璃受撞击时会形成辐射状裂纹而不至于坠下伤人，故多用于高层楼宇和震荡性强的厂房。

夹层玻璃一般由两片普通平板玻璃（也可以是钢化玻璃或其他特殊玻璃）和玻璃之间的有机胶合层构成。当夹层玻璃受到破坏时，碎片仍黏附在胶层上，可避免碎片飞溅对人体造成伤害，多用于有安全要求的装修项目。

夹丝和夹层玻璃可以通过设计，产生艺术效果，用于装饰材料（见图 7-5）。

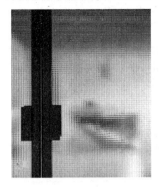

图 7-4　压花玻璃

图 7-5　夹丝和夹层玻璃

5. 中空玻璃和真空玻璃

中空玻璃和真空玻璃多采用胶接法将两块玻璃保持一定间隔，间隔中是干燥的空气或真空，周边再用密封材料密封而成，主要用于有隔音、隔热要求的装修工程之中。

6. 玻璃砖

玻璃砖的制作工艺基本和平板玻璃一样，不同的是成型方法，其中间为干燥的空气，多用于装饰性项目或者有保温要求的透光造型中。

7. LED 光电玻璃和调光玻璃

LED 光电玻璃是一种新型环保节能产品，是 LED 和玻璃的结合体，既有玻璃的通透性，又有 LED 的亮度，主要用于室内外装饰和广告。

调光玻璃通电呈现玻璃本质透明状，断电时呈现白色磨砂不透明状，不透明状态下，可以作为背投幕。

8. 节能玻璃

节能玻璃主要包括中空玻璃、真空玻璃、低辐射玻璃、low-e 玻璃、纳米涂膜玻璃、隔热玻璃等。

7.2.2　玻璃的性能

玻璃属于非晶态无机非金属材料，具有透明、透光、硬度高、耐腐蚀性好、脆性大等特点。

平板玻璃具有良好的透视性，透光性能好（3mm 和 5mm 厚的无色透明平板玻璃的可见光透射比分别为 88% 和 86%），无色透明平板玻璃对太阳中红热射线的透过率较高，对太阳光中紫外线的透过率较低。平板玻璃具有隔声和一定的保温性能，其抗拉强度远小于抗压强度，是典型的脆性材料。平板玻璃具有较高的化学稳定性，通常情况下，对酸、碱、盐和化学试剂及气体有较强的抵抗能力，但长期遭受侵蚀介质的作用也能导致质变和破坏，如玻璃的风化和发霉都会导致外观的破坏和透光能力的降低。平板玻璃的热稳定性较差，急冷急热易发生爆裂。

普通平板玻璃常用理化参数如表 7-2 所示。

表 7-2 普通平板玻璃理化参数

密度/(g/cm³)	抗压强度/MPa	抗拉强度/MPa	导热系数/[W/(m·K)]	软化温度/℃
2.5	700~1000	30~60	0.75	650~700

按照国家标准 GB 11614—2009《平板玻璃》中的规定,平板玻璃质量,根据其外观可分为优等品、一等品和合格品三个等级。

7.3 石 材

石材作为一种高档建筑装饰材料广泛应用于室内外装饰设计、幕墙装饰和公共设施建设。目前市场上常见的石材主要分为天然石和人造石。

7.3.1 天然石材的成因及种类

天然石材来源于岩石。构成岩石的矿物称为造岩矿物。由一种矿物聚集构成的岩石称为单矿岩,如石灰岩、石英岩等;由多种矿物聚集而成的岩石称为多矿岩,如花岗岩、玄武岩等。岩石的性质是由组成岩石的造岩矿物的性质及其相对含量和结构类型所决定。同一种岩石,因为产地不同,其矿物组成和结构会有差异,因此其颜色、强度、耐久性等性质也会有所不同。

岩石是地壳中各种地质作用的自然产物,根据岩石的成因,可分为岩浆岩、沉积岩和变质岩三大类,岩浆岩又称火成岩,沉积岩又称水成岩。地幔或地壳的岩石在熔融或部分熔融后形成的物质(如岩浆)冷却固结形成的岩石称为火成岩,花岗岩就是火成岩的一种;在地表不太深的地方,一些岩石的风化产物和一些火山喷发物,经过水流或冰川的搬运、沉积、成岩作用后形成的岩石,称为沉积岩;在高温高压和矿物质的混合作用下由一种石头自然变质成的另一种石头,称为变质岩,大理石、板岩、石英岩、玉石都属于变质岩。

7.3.2 天然石材的特点

天然石材一般具有以下特点。
- 蕴藏量丰富、分布广,便于就地取材。
- 石材结构致密,抗压强度高,大部分石材的抗压强度可达到 100MPa 以上。
- 耐久性好,使用年限一般可达百年以上。
- 装饰性好,石材具有纹理自然、质感稳重、肃穆和雄伟的艺术效果。
- 耐水性好。
- 耐磨性好。

但石材也有自身不易克服的缺点,主要缺点是自重大,质地坚硬,加工困难,开采和运输不方便。

根据 GB/T 9966—2020《天然饰面石材试验方法》中的规定,可以对石材的相关性能作出检测及评估。石材包括以下一些重要性能。

1. 表观密度

岩石的表观密度由其矿物质组成及致密性所决定。表观密度的大小常间接地反映石材的致密性和孔隙多少。一般情况下,同种石材表观密度越大,则抗压强度越高,吸水率越小,耐久性、导热性越好。

天然岩石按表观密度大小可分为轻质石材(表观密度<1800kg/m³)和重质石材(表观密度>1800kg/m³)。

重石可用于建筑的基础、贴面、地面、不采暖房屋外墙、桥梁及水工构筑物等;轻石主要用于保温房屋外墙。

2. 吸水性

天然石材的吸水性一般较小,但由于形成条件、密实程度与胶结情况的不同,石材的吸水率波动也较大,如花岗岩和致密的石灰岩,吸水率通常小于1%,而多孔的石灰岩,吸水率可达到15%。石材吸水后强度降低,抗冻性、耐久性下降。

石材根据吸水率的大小分为低吸水性岩石(吸水率<1.5%)、中吸水性岩石(吸水率介于1.5%~3%之间)、高吸水性岩石(吸水率>3%)。

3. 耐水性

石材的耐水性用软化系数表示。当石材含有较多的黏土或易溶物质时,软化系数较小,其耐水性较差。根据各种石材软化系数大小,可将石材分为高耐水性石材(软化系数<0.90)、中耐水性石材(软化系数介于0.75~0.90之间)和低耐水性石材(软化系数介于0.60~0.75之间)。当石材软化系数<0.6时,则不允许用于重要建筑物中。

4. 抗冻性

抗冻性是指石材抵抗冻融破坏的能力,可用在水饱和状态下能经受的冻融循环次数(强度降低值不超过25%、质量损失不超过5%,无贯穿裂缝)来表示。

抗冻性是衡量石材耐久性的一个重要指标,能经受的冻融次数越多,则抗冻性越好。石材抗冻性与吸水性有着密切的关系,吸水性大的石材其抗冻性也差。根据经验,吸水率<0.5%的石材,被认为是抗冻的,可不进行抗冻试验。

5. 耐热性

石材的耐热性与其化学成分及矿物组成有关。石材经高温后,由于热胀冷缩效应,会使体积变化而产生内应力,或使组成矿物发生分解和变异,这些均会导致其结构破坏。如含有石膏的石材,在100℃以上开始破坏;含有碳酸镁的石材,温度高于725℃会发生破坏;含有碳酸钙的石材,温度达到827℃时开始破坏。由石英与其他矿物所组成的结晶石材等,当温度达到700℃以上时,由于石英受热发生膨胀,强度会迅速下降。

6. 导热性

石材的导热性主要与其致密程度有关,重质石材的导热系数可达2.91~3.49W/(m·K),而轻质石材的导热系数则在0.23~0.70W/(m·K)之间。具有封闭孔隙的石材,导热系数更低。

7.3.3　天然石材的分类

花岗岩是一种非常坚硬的火成岩岩石,它的密度很高,耐划痕且耐腐蚀。花岗岩有几百个品种。

大理石是指沉积的或变质的碳酸盐岩类岩石,是石灰石的衍生物,大理石具有软性,容易划伤或被酸性物质腐蚀(见图7-6)。

图7-6　大理石

花岗岩和大理石的区别。

1. 石材成分不同

花岗岩属于火成岩,而大理石则属于变质岩。

2. 硬度不同

花岗岩的硬度更高,因而更加难加工,通常情况下外观色泽可以保持百年以上,而大理石属中硬度,因为其中一半都含有杂质,而且大理石中含有碳酸钙,容易受到大气中碳化物、二氧化碳以及水气的作用,因而表面容易失去光泽。

3. 使用范围不同

花岗岩放射性更大,图案单一,通常用于室外;大理石放射性小,纹理丰富,通常用于室内。

4. 价位不同

大理石价位从几百到几千,花岗岩价位从几十到几百。

石灰岩是沉积岩的一种,是由方解石和沉积物组成的。石灰岩的表观密度为 2600~2800 kg/m^3,抗压强度为 80~160MPa,吸水率为 2%~10%,其碎石是常用的混凝土骨料。此外,它也是生产水泥和石灰的主要原料。

砂岩也是沉积岩的一种,它主要是由松散的石英砂颗粒组成,质地粗糙,其抗压强度(5~200MPa)、表观密度(2200~2500 kg/m^3)、孔隙率(1.6%~28.3%)、吸水率(0.2%~7.0%)、软化系数(0.44~0.97)等性质差异很大。砂岩在建筑工程中常用于基础、墙身、人行道和踏步等,也可破碎成散粒状用作混凝土集料。纯白色砂岩俗称白玉石,可用作雕刻及装饰材料。

板岩是一种变质岩,原岩为泥质、粉质或中性凝灰岩,沿板理方向可以剥成薄片。板岩的颜色随其所含有的杂质不同而变化,含铁的为红色或黄色;含碳质的为黑色或灰色;含钙的遇盐酸会起泡。因此一般以其颜色命名分类,如灰绿色板岩、黑色板岩、钙质板岩等。

玄武岩是喷出岩中最普通的一种,颜色较深,常呈玻璃质或隐晶质结构,有时也呈多孔状或斑形构造。玄武岩硬度高,脆性大,抗风化能力强,表观密度为 2900~3500 kg/m^3,抗压强度为 100~500MPa,常用作高强混凝土骨料,也用作道路路面等。

辉绿岩主要由铁、铝硅酸盐组成,具有较高的耐酸性,可用作耐酸混凝土骨料,其熔点为 1400~1500℃,可用作铸石的原料。铸石的结构均匀致密且耐酸性好,因此,是化工设备耐酸衬里的良好材料。

石英岩是硅质砂岩变质而成的晶体结构。石英岩岩体均匀致密，抗压强度大（250～400MPa），耐久性好，但硬度大，加工困难，常用于重要建筑物贴面石，耐磨耐酸的贴面材料，其碎块可用于道路或用作混凝土的骨料。

7.3.4 人造石

人造石材是一种人工合成的装饰材料。人造石材，按照所用黏结剂不同，可分为有机类人造石材和无机类人造石材两类；按其生产工艺过程的不同，又可分为聚酯型人造大理石、复合型人造大理石、硅酸盐型人造大理石、烧结型人造大理石等。另外，饰面类的人造石材，如覆膜型、UV打印、转印型仿大理石石材等，其表面具有逼真的石材纹理，但整体轻薄，成本较低，也具有较好的市场应用（见图7-7）。

图7-7 UV转印背景墙

7.4 土

土是地壳表面最主要的组成物质，是岩石圈表层在漫长的地质年代里经受各种复杂的地质作用所形成的松软物质。

7.4.1 土的组成

土与岩石一样是自然历史产物。土的性质由其地质成因、形成时间、地点、环境、方式，以及后生演化和现时产出的条件决定。如干旱区形成的黄土、湿热区形成的红土、静水区形成的淤泥，它们在性质上截然不同。

土是由固体、液体、气体多相组成的体系。固相是土的主要成分，称为土的骨架。土颗粒间的孔隙可被液体或气体充填。土在完全被水充满时，会形成二相体系的饱水土，性质柔软；在完全被气体充满时，则形成二相体系的干土，其性质有的松散，有的坚硬。土的孔隙中有液体、气体共存时，则形成湿土，其性质介于饱水土和干土之间，属三相体系。土中各相系组成的质和量，以及它们之间的相互作用是控制土的工程性质的主要因素。

土是分散体系。根据土颗粒的大小（分散程度），土可分为粗分散体系（粒径大于$2\mu m$）、细分散体系（粒径$2\sim 0.1\mu m$）、胶体体系（粒径$0.1\sim 0.01\mu m$）、分子体系（粒径小于$0.01\mu m$）。土的工程性质随着分散程度的变化而改变。

土是多矿物组合体。一种土含有5～10种或更多的矿物，其中次生矿物是主要成分。土遇水会产生胶体化学特性，土粒间形成受结合水控制的特殊联结，这是促使黏土产生复杂性质的根本原因。

7.4.2 土的性质

1. 土的压缩和固结性质

土在荷载作用下其体积将发生压缩,逐渐完成土压缩的过程,即土孔隙中的水受压而排出土体之外,同时导致孔隙压力消失的过程,又称土的固结或渗压。某些黏土中超静孔隙水压力完全消失后,土还可能继续压缩,称次固结。产生次固结的原因一般认为是土的结构发生变形。反映土固结快慢的指标是固结系数,土层的水平向固结系数和垂直向固结系数不一定相同。土层在其堆积历史上曾受过的最大有效固结压力称先期固结压力。它与现今作用的有效覆盖压力相同时,土层为正常固结土;若先期固结压力大于现今的覆盖压力,则为超固结土;反之,则为欠固结土。对于超固结土,外加荷载小于其先期固结压力时,土层的压缩很微小,外加荷载一旦超过先期固结压力,土的变形将显著增大。

2. 土的强度性质

对于无黏性土,其抗剪强度与土的密实度、土颗粒的大小、形状、粗糙度、矿物成分以及颗粒级配的好坏程度等因素有关。土的密实度越大,土颗粒越大,形状越不规则,表面越粗糙,级配越好,则其内摩擦角越高,相应的抗剪强度越高。此外,土中含水量大,水分在土颗粒之间起润滑作用,会使土的抗剪强度降低。根据库仑定律,土的抗剪强度还与土体所受到的正压力有关,正压力越大,土的抗剪强度也越高。

对于黏性土,其抗剪强度除与土的内摩擦角和所受正压力有关外,还与土颗粒之间的黏聚力有关。黏聚力越大,土的抗剪强度越高。

3. 土的流变性质

土的流变特性主要表现为以下几点。

(1) 常荷载下变形随时间而逐渐增长的蠕变特性。

(2) 应变一定时,应力随时间而逐渐减小的应力松弛现象。

(3) 强度随时间而逐渐降低的现象,即长期强度问题。

三者是互相联系的。作用在土体上的荷载超过某一限值时,土体的变形速率将从等速转变至加速而导致蠕变破坏,作用应力越大,变形速率越大,达到破坏的时间越短。

7.4.3 建筑材料夯土

夯土是一种建筑材料,泥土中的空隙经过夯的动作之后变得更结实即为夯土。夯土是土材质中较为结实的建筑材料,在古代常用于城墙、宫室。在中国,龙山文化时期已能掌握夯土的技术。

中国古代建筑材料以木为主角,土为辅助,石、砖、瓦为配角。在古代,用作建筑的土大致可分为两种:自然状态的土,称为"生土";经过加固处理的土,称为"夯土",其密度较生土大。

7.4.4 三合土

三合土,顾名思义,是三种材料经过配制、夯实而得的一种建筑材料(见图 7-8)。不同的地区有不同的三合土,但其中熟石灰不可或缺。

图 7-8　漳州土楼

我国的地质存在大量的"亚黏土",俗称"黄土""红土"。在有泥土地的地方,三合土的材料为泥土、熟石灰、砂。泥土的含砂量多,则砂的量减少,熟石灰一般占30%。

建筑工程中的三合土垫层采用石灰、砂(可掺入少量黏土)与碎砖的拌合料铺设,其厚度不应小于100mm。三合土中的熟化石灰颗粒粒径不得大于5mm;砂应用中砂,并不得含有草根等有机物质;碎砖不应采用风化、酥松和含有有机杂质的砖料,粒径不应大于60mm。

思 考 题

1. 建筑陶瓷性能上有哪些优点和缺点?
2. 玻璃有哪些品种?分别有什么应用?
3. 天然石材和人造石材分别有哪些优缺点?
4. 花岗石和大理石的区别是什么?
5. 土的加固有哪几种方式?

本 章 小 结

陶瓷、玻璃和石材作为成型材料在建筑上应用广泛,建筑陶瓷主要作为面砖使用,有墙面砖、地面砖、陶瓷锦砖等,其中以地面砖用量最大;玻璃除了用于建筑物的采光和内装饰外,也大量用于玻璃幕墙作为建筑物的外装饰,作为玻璃幕墙时需要考虑建筑材料的节能环保功能,一些新技术的出现也赋予了玻璃更多的特性,如夹胶玻璃、光电玻璃、调光玻璃等;石材的应用具有悠久的历史,人造石材的出现给石材带来新的生机,外观逼真,具有良好装饰效果的人造石材,更加轻薄便宜,在现代建筑上得到了较多的应用。

土是古代常用的砌筑材料甚至是墙体材料,现代建筑虽然不直接采用土作为建筑材料,但是在建筑工程上少不了和土打交道,土建施工需要对土的性质有一个基本的了解。

【拓展阅读】 陶瓷,中华文明的载体

China,现为"中国"和"瓷器"的英文译名。

中国陶瓷发展的历史是漫长的。从新石器时代早期烧制最原始的陶器开始,到发明瓷器并普遍应用,陶瓷的技术和艺术都在不断地进步。每一个时期,陶瓷都体现了当时历史阶段的文化特征:秦汉的豪放,隋唐的雄阔,宋代的儒雅,明清的精致。这些陶瓷深入了中国人的日常生活,也体现了中国的文化品位。

东汉时期,已能烧制出成熟的瓷器。通过丝绸之路,中国的陶瓷被西亚、东太平洋环岛、阿拉伯以及地中海地区广泛认知。中国精美的陶瓷不仅为国家创造了巨大的财富,也打造了中国的文化名片。图7-9所示为秦代的陶水管。

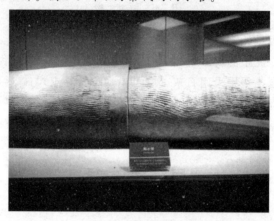

图7-9　秦代的陶水管

宋代,是中国瓷业蓬勃发展的时代,既有著名的"定、汝、官、哥、钧"五大名窑,又有磁州窑、吉州窑、龙泉窑及景德镇窑(湖田窑)。明代陶瓷得到全面发展,龙泉青瓷、德化白瓷、石湾广钧、宜兴紫砂、山西珐华彩瓷均负盛名。清代陶瓷是中国陶瓷发展的又一个高峰,不但品种、材料齐全,而且彩瓷方面成就非凡。图7-10所示为宋代的瓷茶盏。

图7-10　宋代的瓷茶盏

我国的建筑陶瓷产业是在近二十年内发展起来的。凭借内外部的发展优势与机遇，我国已成为世界建筑陶瓷的生产消费大国。全球过半的建筑陶瓷均产自我国，由此可见我国建筑陶瓷在国际舞台上占据了重要的地位。

我国建筑陶瓷行业发展迅速，产销量保持在高速增长的态势。中国的建筑陶瓷行业借助内外部有利形势，形成了一套独特的发展模式，使其在国际市场上处于重要的地位。在辽阔的中国版图上，建筑陶瓷产区覆盖了中国的大部分地区，其中以广东佛山最有代表性，产量占到中国建筑陶瓷产量的60%以上。

第8章 金属材料

【学习目标】
1. 了解钢材的性能特点。
2. 掌握钢结构及钢筋混凝土结构对钢材的防护。

无机材料分为无机非金属材料和金属材料,前面讲到的气硬性胶凝材料、水硬性胶凝材料、混凝土、墙材、砂浆、陶瓷、玻璃、石材等,都属于无机非金属材料,它们基本上都是以化合物的形式存在,同时大多数为非匀质材料(玻璃除外);金属材料是由金属原子组成,与无机非金属材料相比,具有较高的导电性(大多数的无机非金属材料本身并不导电)和延展性。

金属材料又分为黑色金属和有色金属。黑色金属通常为钢铁,广义的黑色金属还包括铬、锰及其合金;有色金属是指除铁、铬、锰之外的金属,如建筑材料上经常用到的铝合金、铜等。

8.1 建筑钢材

钢材是最常用和最重要的金属建筑材料。钢与铁相比,主要是减少了含碳量(钢的含碳量在2.1%以下),但却大大提高了韧性;同时,钢材和混凝土还具有很高的适配性,这使得它不仅可作为钢结构的材料,同时也可作为钢筋混凝土的材料,因此用量非常大。

8.1.1 钢材概述

1. 钢材的特点与应用

钢材的优点:强度高、品质均匀;韧性好,具有一定的弹性和塑性变形能力,能够承受冲击、振动等荷载;可加工性好,能进行各种机械加工,也可以通过铸造的方法,将钢铸造成各种形状,还可以通过切割、铆接或焊接等多种方式进行装配施工;同时和混凝土的适配性好,和混凝土一样都有较强的握裹力,能弥补混凝土抗压强度低和脆性大的缺点,热膨胀系数和混凝土接近,混凝土的碱性还可以对钢材起到防锈作用。

钢材的缺点:易锈蚀,所以钢筋混凝土的耐久性要考虑钢材的生锈问题;钢材虽然不燃,但是在高温下力学性能下降很快,因此防火性差。

建筑用钢材可分为钢结构用钢材和钢筋混凝土用钢材,基本上有型钢、钢板、钢管、钢丝、钢绞线和钢筋等形式。型钢的种类很多,有圆钢、方钢、角钢、扁钢、六角钢、工字钢、槽钢以及异形钢等(见图8-1)。

1) 型钢类

型钢的种类很多,是一种具有一定截面形状和尺寸的实心长条钢材型钢。型钢按断面

图 8-1 各类钢材

形状不同分为简单断面和复杂断面两种。前者包括圆钢、方钢、扁钢、六角钢和角钢；后者包括钢轨、工字钢、槽钢、窗框钢和异型钢等。直径在 6.5~9.0mm 的小圆钢称为线材。

(1) 圆钢。圆钢是指截面为圆形的实心长条钢材，其规格以直径的毫米数表示，如"50"即表示直径为 50mm 的圆钢。圆钢分为热轧、锻制和冷拉三种。热轧圆钢的规格为 5.5~250mm。其中，5.5~25mm 的小圆钢大多以直条成捆供应，常用作钢筋、螺栓及各种机械零件；大于 25mm 的圆钢主要用于制造机械零件或作无缝钢管坯。

(2) 角钢。角钢俗称角铁，是两边互相垂直成角形的长条钢材，有等边角钢和不等边角钢之分。等边角钢的两个边宽相等，其规格以边宽×边宽×边厚的毫米数表示，如"∠30×30×3"，表示边宽为 30mm、边厚为 3mm 的等边角钢，也可用型号表示，型号是边宽的厘米数，如∠3♯。型号不表示同一型号中不同边厚的尺寸，因而在合同等单据上要将角钢的边宽、边厚尺寸填写齐全，避免单独用型号表示。热轧等边角钢的规格为 2♯~20♯。

角钢可按结构的不同需要组成各种不同的受力构件，也可作构件之间的连接件。角钢广泛用于各种建筑结构和工程结构，如房梁、桥梁、输电塔、起重运输机械、船舶、工业炉、反应塔、容器架以及仓库货架等。

(3) 槽钢。槽钢是截面为凹槽形的长条钢材。槽钢的规格以腰高×腿宽×腰厚表示，如"120×53×5"，表示腰高为 120mm，腿宽为 53mm，腰厚为 5mm 的槽钢，或称 12♯ 槽钢。腰高相同的槽钢，如有几种不同的腿宽和腰厚也需在型号右边加 a、b、c 予以区别，如 25a♯、25b♯、25c♯ 等。槽钢可分为普通槽钢和轻型槽钢两种。热轧普通槽钢的规格为 5~40♯。经供需双方协议供应的热轧变通槽钢规格为 6.5~30♯。槽钢主要用于建筑结构、车辆制造和其他工业结构，槽钢还常常和工字钢配合使用。

2) 钢板类

钢板是一种宽厚比和表面积都很大的扁平钢材。钢板按厚度不同分为薄板（厚度<4mm）、中板（厚度 4~25mm）和厚板（厚度>25mm）三种。钢带包括在钢板类内。

3) 钢管类

钢管是一种中空截面的长条钢材。钢管按其截面形状不同可分为圆管、方形管、六角形管和各种异形截面钢管，按加工工艺不同又可分为无缝钢管和焊管钢管。

4) 钢丝类

钢丝是线材的再一次冷加工产品。钢丝按形状不同分为圆钢丝、扁形钢丝和三角形钢丝等。钢丝除直接使用外，还用于生产钢丝绳、钢纹线和其他制品。

2. 钢材的生产和分类

1) 钢材的生产

钢材的生产方式一般有转炉法、平炉法、电炉法三种，其中，转炉法和平炉法属于长流程制钢法，需要消耗大量的铁矿石，排放的二氧化碳比较多；电炉法属于短程制钢法，可以利用废钢材，排放的二氧化碳比较少。

炼好的熔融钢水会浇注在模内成型。钢材根据浇注前钢水的脱氧程度可分为沸腾钢、半镇静钢和镇静钢，镇静钢脱氧程度最高，说明内部所包含的孔洞最少，其强度也最高。

2) 钢的分类

钢材的分类方式有很多，按其化学成分可分为碳素钢和合金钢。

(1) 碳素钢。碳素钢是指钢中除铁、碳外，还含有少量锰、硅、硫、磷等元素的铁碳合金，按其碳含量的不同，可分为低碳钢(碳含量≤0.25%)、中碳钢(碳含量 0.25%~0.609%)、高碳钢(碳含量＞0.609%)。

(2) 合金钢。合金钢是为了改善钢材的性能，在冶炼碳素钢的基础上，加入一些合金元素而炼成的钢，如铬钢、锰钢、铬锰钢等。合金钢按其合金元素的总含量可分为低合金钢(合金元素的总含量≤5%)、中合金钢(合金元素的总含量 5%~10%)、高合金钢(合金元素的总含量＞10%)。

建筑材料所用的钢材一般为低碳钢和低合金钢。

按钢材的品质，钢材可划分为普通钢、优质钢和高级优质钢。这种品质等级是按钢材中有害杂质硫和磷的量来划分的。普通钢：w_s≤0.05%，w_p≤0.45%；优质钢：w_s≤0.04%，w_p≤0.04%；高级优质钢：w_s≤0.03%，w_p≤0.035%。由此可以看出，硫、磷的含量越少，钢材的品质越高。建筑材料用钢以普通钢为主。

8.1.2 钢材的技术性能

1. 钢材的力学性能

1) 拉伸性能

拉伸是建筑钢材的主要受力形式，是建筑钢材最重要的力学性能。在钢筋混凝土结构中，钢材的抗拉强度高，可弥补混凝土抗拉强度低的缺点。钢材的抗拉强度测试，可以制作一定规格的试样，也可以直接用钢筋进行测试(见图 8-2)。

将低碳钢试样在拉力试验机上进行拉伸试验，可以绘制出如图 8-3 所示的应力-应变关系曲线。从图中可以看出，钢材从受拉至拉断，共经历了四个阶段：OA—弹性阶段；AB—屈服阶段；BC—强化阶段；CD—颈缩阶段。

通过拉伸试验，可以得到几个有用的指标。B 点，屈服拉伸强度，简称屈服强度；C 点，极限抗拉强度，简称抗拉强度；D 点，断裂强度、伸长率等。

建筑钢材的牌号以屈服强度为标志。屈服强度与抗拉强度之比称为屈强比，屈强比越小，结构的安全系数越高，但太小的屈强比，会使钢材性能富余太多，造成钢材的浪费。建筑

(a) 标准试件

(b) 非标准试件

图 8-2 拉伸试样

结构合理的屈强比为 0.60~0.75。

屈服现象是低碳钢塑性较好的表现,中碳钢和高碳钢屈服现象则不明显。

2) 塑性

建筑钢材应具有良好的塑性,塑性强,可避免结构过早破坏,同时可提高加工性和安全性。钢材的塑性通常用伸长率和断面收缩率来表征。如图 8-4 所示,将拉断后的试件拼合起来,然后测定出标距范围最终长度 L_1,其与试件原标距 L_0 之差即为塑性变形值。塑性变形值与 L_0 之比称为伸长率 δ,按下式计算:

$$\delta = \frac{L_1 - L_0}{L_0} \times 100\%$$

式中,δ——伸长率;

L_1——试件拉断后测定出伸长后标距部分的长度,mm;

L_0——试件原始标距长度,mm。

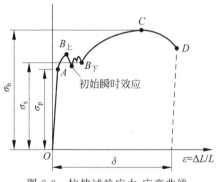

图 8-3 拉伸试验应力-应变曲线

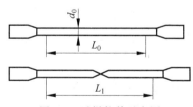

图 8-4 试样拉伸示意图

3) 冲击韧性

冲击韧性是指钢材抵抗冲击荷载的能力,物理含义是指材料单位面积所能吸收的冲击能量,表征的是材料抵御瞬时冲击而不断裂的能力,用冲击强度表示。如图 8-5 所示为摆锤法冲击强度试验。

韧性对钢材意义重大,通俗地说,钢和铁最大的差异是钢的韧性远远优于铁。影响钢材冲击韧性的因素有很多,如钢材内所含的杂质、冷加工、时效及温度等。

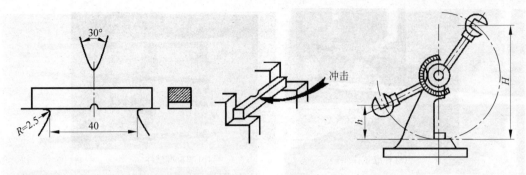

图 8-5　摆锤法冲击强度试验示意图

4）耐疲劳性

钢材在交变荷载反复作用下，在应力远低于屈服强度时，逐渐形成细微裂缝，裂缝发展到一定程度，突然发出脆性断裂的现象，称为疲劳破坏。以疲劳强度表征材料抵抗疲劳破坏的能力。在疲劳试验中，试件在交变应力作用下，于规定的周期基数内不发生断裂时所能承受的最大应力值即为钢材的疲劳强度。一般把钢材承受交变荷载 $10^6 \sim 10^7$ 次时不发生破坏的最大应力称为疲劳强度。在设计承受反复荷载且须进行疲劳验算的结构时，应当了解所用钢材的疲劳强度。

由于疲劳破坏经常是突然发生的，往往会造成严重事故，因而有很大的危险性。

5）硬度

硬度是指材料抵抗其他较硬物体压入的能力，反映的是材料表面的力学特性。钢材属于匀质材料，硬度和强度具有较大的关联性，硬度越高，强度越大。

一般采用布氏法和洛氏法来测试钢材的硬度，相应的硬度试验指标为布氏硬度（HB）和洛氏硬度（HR）。

2．钢材的工艺性能

良好的加工性也是钢材的另一个优点。切割、钻孔、冷弯、冷拉、冷拔及焊接，都是钢材重要及常用的加工方法，这些方法对钢材的性能不会产生严重的不良影响。

1）冷弯性能

冷弯性能是指常温下钢材承受弯曲变形的能力。通过冷弯性能试验，试件被弯曲到规定的弯曲角（90°或 180°）时，若试件弯曲处的外表面无断裂、裂缝或起层，认为冷弯性能合格，如图 8-6 所示。

通过冷弯试验，能反映试件弯曲处的塑性变形，能揭示钢材是否存在内部组织不均匀、内应力和夹杂物等缺陷。冷弯试验也能对钢材的焊接质量进行严格的检验，能揭示焊件受弯表面是否存在未熔合、裂缝及夹杂物等缺陷。

2）焊接性能

在建筑工程中，各种型钢、钢板、钢筋及预埋件等均需用焊接加工。钢结构中 90% 以上为焊接结构，因此其焊接性非常重要。焊接的样式有很多，如图 8-7 所示。

焊接时要求，焊接处（焊缝及其附近过热区）不产生裂缝及硬脆倾向；焊接处与母材一致，即拉伸试验强度不低于原钢材强度。

第8章 金属材料

图 8-6 冷弯性能测试

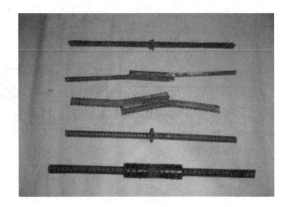

图 8-7 焊接样式

碳、合金元素等杂质元素越多,钢材的可焊性越小。

3) 冷加工性能及时效处理

(1) 冷加工强化处理。将钢材置于常温下进行冷拉、冷拔或冷轧,使之产生塑性变形,从而提高其强度,但钢材的塑性和韧性会降低,这个过程称为冷加工强化处理。建筑工地或预制构件厂常用的冷加工方法是冷拉和冷拔,如图 8-8 所示。

(2) 时效处理。将经过冷拉处理的钢筋,置

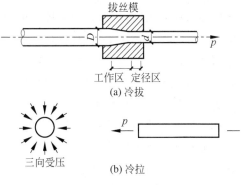

图 8-8 冷加工示意图

于常温下存放 15~20d,或加热到 100~200℃,并保持 2~3h 后,钢筋强度将进一步提高,这个过程称为时效处理。前者称为自然时效,后者称为人工时效。通常对强度较低的钢筋采用自然时效,强度较高的钢筋采用人工时效。

8.1.3 钢材的选用及原则

建筑用钢材有钢结构用钢和钢筋混凝土结构用钢两类,其中钢结构用钢主要有碳素结构钢和低合金结构钢两种。

1. 钢材的选用

1) 碳素结构钢

按国家标准 GB/T 700—2006《碳素结构钢》中的规定,钢材共有 Q195、Q215、Q235、Q255 和 Q275 五个牌号,是板材厚度不大于 16mm 的钢材,其强度适中,塑性、韧性均较好。这些牌号的钢材根据化学成分和冲击韧性的不同可划分为 A、B、C、D 共 4 个质量等级,按字母顺序由 A 到 D,表示质量等级由低到高。除 A 级外,其他三个级别的含碳量均在 0.20% 以下,焊接性能也很好。此规范将 Q235 牌号的钢材选为承重结构用钢。Q235 钢材的化学成分、脱氧方法、拉伸、冲击试验以及冷弯试验结果均应符合要求。符号"F"代沸腾钢,"b"代表半镇静钢,"Z"和"TZ"分别代表镇静钢和特种镇静钢。在具体标注时"Z"和

"TZ"可以省略,例如 Q235B 代表屈服点为 235N/mm² 的 B 级镇静钢。

2) 低合金高强度结构钢

按国家标准 GB/T 1591—2018《低合金高强度结构钢》中的规定,钢材共有 Q295、Q345、Q390、Q420 和 Q460 五种牌号,其板材厚度主要依靠添加少量几种合金元素来达到,合金元素的总量低于 5%,故称为低合金高强度结构钢。其中,Q345、Q390 和 Q420 的钢材按化学成分和冲击韧性可划分为 A、B、C、D、E 共五个质量等级,字母顺序越靠后的钢材质量越高。这三种牌号的钢材均有较高的强度和较好的塑性、韧性、焊接性能,被规范选为承重结构用钢。这三种低合金高强度结构钢的牌号命名与碳素结构钢的类似,只是前者的 A、B 级为镇静钢,C、D、E 级为特种镇静钢,故可不加脱氧方法的符号。这三种牌号钢材的化学成分和拉伸、冲击、冷弯试验结果应符合要求。

2. 钢材选用原则

钢材的选用既要确保结构物的安全可靠,又要经济合理,必须慎重对待。为了保证承重结构的承载能力,防止在一定条件下出现脆性破坏,应根据结构的重要性、荷载特征、连接方法、工作环境、应力状态和钢材厚度等因素综合考虑,选用合适牌号和质量等级的钢材。一般而言,对于直接承受动力荷载的构件和结构(如吊车梁、工作平台梁或直接承受车辆荷载的栈桥构件等)、重要的构件和结构(如桁架、屋面楼面大梁、框架横梁及其他受拉力较大的类似结构和构件等)、采用焊接连接的结构以及处于低温下工作的结构,应采用质量较高的钢材。对承受静力荷载的受拉及受弯的重要焊接构件和结构,宜选用较薄的型钢和板材。当选用的型材或板材的厚度较大时,宜采用质量较高的钢材,以防钢材中较大的残余拉应力和缺陷等与外力共同作用形成三向拉应力场,引起脆性破坏。

承重结构采用的钢材应具有符合要求的抗拉强度、伸长率、屈服强度、含硫量和含磷量;焊接结构还应具有符合要求的含碳量;焊接承重结构以及重要的非焊接承重结构采用的钢材,还应具有符合要求的冷弯试验。

为了简化订货,选择钢材时要尽量统一规格,减少钢材牌号和型材的种类,还要考虑市场的供应情况和制造厂的工艺可能性。对于某些拼接组合结构(如焊接组合梁、桁架等)可以选用两种不同牌号的钢材,受力大、由强度控制的部分(如组合梁的翼缘、桁架的弦杆等)用强度高的钢材;受力小、由稳定控制的部分(如组合梁的腹板、桁架的腹杆等)用强度低的钢材,这样可达到经济合理的目的。

随着经济全球化时代的到来,不少国外钢材进入中国的建筑领域。由于各国的钢材标准不同,在使用国外钢材时,必须全面了解不同牌号钢材的质量保证项目,包括化学成分和机械性能,检查厂家提供的质保书,并应进行抽样复验,其复验结果应符合现行国家产品标准和设计要求,方可与我国相应的钢材进行代换。

8.1.4 钢材的防锈与防火

1. 钢材的防锈

1) 钢材的锈蚀

钢材表面与周围介质发生作用而引起破坏的现象称作锈蚀(腐蚀)。钢材锈蚀的现象普遍存在,如在大气中生锈,特别是当环境中有各种侵蚀性介质或湿度较大时,情况就更为严重。锈蚀不仅使钢材有效截面积均匀减小,还会产生局部锈坑,引起应力集中;锈蚀会显著降低钢的强度、塑性、韧性等力学性能(见图8-9)。

根据钢材与环境介质的作用原理,锈蚀可分为化学锈蚀和电化学锈蚀。

化学锈蚀是指钢材与周围的介质(如氧气、二氧化碳、二氧化硫和水等)直接发生化学作用,生成疏松的氧化物而引起的锈蚀。在干燥环境中化学锈蚀的速度缓慢,但在温度高和湿度较大的环境中锈蚀的速度会大大加快。

图 8-9　钢材的锈蚀

电化学锈蚀的原理:钢材由不同的晶体组织构成并含有杂质,由于这些成分的电极电位不同,当有电解质溶液(如水)存在时,就会在钢材表面形成许多微小的局部原电池。这些电化学的过程,使铁原子成为铁离子,从而成为氧化铁,也就是铁锈。水是弱电解质溶液,而溶有 CO_2 的水则成为有效的电解质溶液,进而加速电化学锈蚀的过程。

钢材在大气中的锈蚀,实际上是同时包括化学锈蚀和电化学锈蚀,但以电化学锈蚀为主。不论是化学锈蚀还是电化锈蚀,水都是重要的介质,水的存在,加速了钢材的锈蚀。

2) 钢材的防锈措施

钢材的锈蚀既有内因(材质)也有外因(环境介质的作用),因此要防止或减少钢材的腐蚀可以从改变钢材本身的易锈蚀性,隔离环境中的侵蚀性介质或改变钢材表面的电化学过程三方面入手。防锈的具体措施有改变化学成分,镀铬、镀锌、镀镍、涂防腐漆等。

图 8-10　钢筋混凝土的破坏

3) 钢筋混凝土的锈蚀与防护

对于钢结构而言,钢材的锈蚀会减小钢材的受力面积,降低承载力;对于钢筋混凝土结构而言,钢材的锈蚀会使钢筋的体积膨胀,从而使混凝土产生裂纹,裂纹的产生会使空气、水汽等介质更容易进入混凝土内部,进一步加剧钢筋的锈蚀及膨胀,严重的会使混凝土剥落,毁坏钢筋混凝土结构(见图8-10)。

(1) 普通混凝土为强碱性环境,pH 为 12.5 左右,可对埋入其中的钢筋形成碱性保护。在碱性环境中,阴极过程难以进行,即使有原电池反应存在,生成的铁锈也能稳定存在,并成为钢筋的保护膜。因此,用普通混凝土制作的钢筋混凝土,只要混凝土表面没有缺陷,里面的钢筋是不会锈蚀的。

(2) 普通混凝土制作的钢筋混凝土有时也发生钢筋锈蚀现象,其主要原因有以下几个方面。一是混凝土不密实,环境中的水和空气能进入混凝土内部;二是混凝土保护层厚度小或发生了严重的碳化,使混凝土失去了碱性保护作用;三是混凝土内氯离子含量过大,使钢筋表面的保护膜被氧化;四是预应力钢筋存在微裂缝等缺陷,引起应力锈蚀。

(3) 加气混凝土碱度较低,电化学锈蚀过程能顺利进行,同时这种混凝土多孔,外界的水和空气易深入内部,因此,加气混凝土中的钢筋在使用前必须进行防腐处理。

（4）为了防止钢筋锈蚀,应保证混凝土的密实度以及钢筋保护层的厚度。在二氧化碳浓度高的工业区采用硅酸盐水泥或普通水泥,限制含氯盐外加剂的掺量并使用混凝土用钢筋防锈剂(如亚硝酸钠)。预应力混凝土应禁止使用含氯盐的骨料和外加剂。对于加气混凝土等可以通过使用在钢筋表面涂环氧树脂或镀锌等方法来防止锈蚀。

2. 钢材的防火

钢材是不燃性材料,但这并不表明钢材能够抵抗火灾。耐火试验与火灾案例表明:以失去支持能力为标准,无保护层时钢柱和钢屋架的耐火极限只有0.25h,而裸露钢梁的耐火极限为0.15h。温度在200℃以内,可以认为钢材的性能基本不变;超过300℃以后,弹性模量、屈服点和极限强度均开始显著下降,应变急剧增大;至达600℃时已经失去承载能力。因此,没有防火保护层的钢结构是不耐火的。

钢结构防火保护的基本原理是采用绝热或吸热材料来阻隔火焰和热量,从而推迟钢结构的升温速度。防火方法以包覆法为主,即使用防火涂料、不燃性板材、混凝土或砂浆将钢构件包裹起来。

8.2 铝及铝合金

铝是地壳中储量最多的一种金属元素(铝为8%,铁为5%),铝及铝合金是当前用途十分广泛的、非常经济适用的材料之一。铝的产量和用量在世界范围内仅次于钢材,是人类应用的第二大金属。

8.2.1 铝及铝合金概述

纯铝具有银白色金属光泽,密度为$2.72g/cm^3$,熔点为660.4℃,具有良好的导电和导热性,其导电性仅次于银和铜。纯铝在空气中易氧化,但其表面可形成一层能阻止内层金属继续被氧化的致密氧化膜,因此具有良好的抗大气腐蚀性能。

纯铝为面心立方结构,具有极好的塑性、较低的强度和良好的低温性能(−235℃下塑性和冲击韧度也不降低);冷变形加工可提高其强度,但塑性会降低。

铝可进行铸造、压力加工、焊和切削加工,加工性能好。

铝加入适量Si、Cu、Mg、Zn、Mn等主加元素和Cr、Ti、Zr、B、Ni等辅加元素,可组成铝合金,能提高强度并保持纯铝的特性。不同的合金元素在铝合金中形成不同的合金相,起着不同的作用。

铝合金具有质轻、耐腐、耐磨、韧度大,色泽美观雅致,经久耐用的优点。由于铝合金比强度高,在很多工业、民用及军事领域都有不可替代的作用,比如在航空航天领域,在民用飞机上,铝合金占飞机结构总重量的70%~80%;在军用飞机上,铝合金占飞机结构总重量的40%~60%。

铝的这些特点,使铝在建筑上同样受到重视。

8.2.2 铝合金制品

1. 铝合金门窗

铝合金门窗具有质量轻、性能好、美观、维修方便、便于工业化生产的优点。铝合金旋转门窗结构严密,旋转轻快,门窗在任何时候均具有良好的防风性,是节能保温型用门。

2. 铝合金花纹板

铝合金花纹板是采用防锈铝合金等作坯料,用专制的花纹轧辊轧制而成。铝合金花纹板具有花纹多样、美观大方、筋高适中、不易磨损、防锈蚀性能强、防滑性能好、板材平整、裁剪尺寸精确、便于清洗、施工安全简便的优点。

3. 铝合金压型板

铝合金压型板根据板材截面平凸间隔,凹凸部分截面形状可分为V形和U形。铝合金压型板具有质量轻、外型美观、耐久、耐锈蚀、施工安装简便等优点,可用于墙面和屋面。

4. 铝合金穿孔平板

铝合金穿孔平板根据成孔形式主要有圆板、方板、椭圆板、三角板及大小不一的组合孔平板。铝合金穿孔平板具有吸声、降噪、质量轻、强度高、防火、防潮、耐锈蚀、化学稳定性好等优点,可应用于宾馆、饭店、影剧院、播音室、各类厂房、计算机房、各种控制室、棉纺厂及噪声较大的车间顶棚和墙面。

5. 蜂窝芯铝合金复合板

蜂窝芯铝合金复合板具有精度高、外观平整、强度高、质量轻、隔声、防震、保温隔热、色泽鲜艳、持久不变、易于成型、用途广泛等特点,可用于各种建筑的幕墙系统,也可用于室内墙面、屋顶、包柱等工程。

6. 铝合金模板

铝合金模板全称为混凝土工程铝合金模板,是继胶合板模板、组合钢模板体系、钢框木(竹)胶合板体系、大模板体系、早拆模板体系后新一代模板系统。铝合金模板是以铝合金型材为主要材料,经过机械加工和焊接等工艺制成的适用于混凝土工程的模板,并按照50mm模数设计由面板、肋、主体型材、平面模板、转角模板、早拆装置组合而成。铝合金模板的设计和施工应用是混凝土工程模板技术的革新,也是装配式混凝土技术的进步,更是建造技术工业化的体现。

思 考 题

1. 建筑钢材的主要力学性能有哪些?
2. 如何防止钢筋混凝土中配筋的锈蚀?
3. 冷加工和时效对钢材性能有何影响?
4. 铝合金有哪些用途?

本 章 小 结

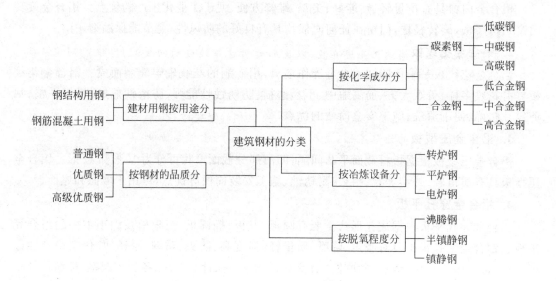

 【拓展阅读】 低碳目标

二氧化碳作为主要的温室气体,已经对自然界及人类生存造成了严峻的威胁。

2019年,中国、美国和欧盟能源活动碳排放量分别为98.3亿吨、49.6亿吨和33.3亿吨,分别占全球比例的28.8%、14.5%和9.7%。在碳排放强度方面,中国远高于欧美,2019年中国为6.9吨/万美元,而美国和欧盟分别为2.3吨/万美元和2.5吨/万美元。

2020年9月,习近平在第75届联合国大会上提出,中国将提高国家自主贡献力度,采取更加有力的政策和措施,力争二氧化碳排放于2030年前达到峰值,努力争取2060前实现碳中和。

从碳排放结构来看,能源活动碳排放占比高达85.5%,主要为发电、钢铁、建筑材料和交通行业;工业过程占比为15.4%,主要为水泥、石灰和钢铁化工;农业及其他行业占比为0.8%。

建筑和建筑材料行业的能耗及碳排放高,它们的总量一直居于高位。建筑耗能占到总电力供应的45%以上,而建筑材料是构建节能建筑的关键。同时,建筑材料在生产过程中,会有三个阶段的碳排放:过程排放(原料分解)、燃料排放(化石能源)和间接排放(电力为主)。

建筑材料中的钢材、水泥、玻璃、陶瓷是建筑材料业的几个碳排放大户。2019年,建筑材料用钢材产量为4.78亿吨,水泥产量为23.3亿吨,平板玻璃产量为9.3亿重量箱,陶瓷砖产量为82.3亿平方米。传统的长流程法制钢,1吨钢的CO_2排放量在2.1吨左右；生产每吨硅酸盐水泥的 CO_2 排放量为 0.8 吨；生产每箱平板玻璃的 CO_2 排放量为 58.1 千克。

　　钢材和水泥在生产过程中，除了消耗化石能源或电力产生碳排放外，它们的原料在生产过程中也会氧化或分解产生 CO_2（炼钢过程会用到焦炭，焦炭和氧气反应产生 CO_2；水泥生产会分解 $CaCO_3$ 产生 CO_2）。减少建筑材料的碳排放已经刻不容缓。

　　通过在混凝土中消纳工业废弃物，以及加大对建筑垃圾的回收利用，推广利用节能环保的绿色建筑材料，可以大大减少二氧化碳的排放。同时，将一些新型节能建筑材料应用到建筑物墙体，可增加墙体的隔热保温效果，也能使建筑物的耗能大大减少，从而减少二氧化碳的排放，这也是一条完成碳达峰、碳中和的重要途径。

　　建设和呵护我们的地球家园，是我们每个建工人的责任和使命。

第 9 章 沥青、木材及竹材

【学习目标】
1. 了解无机材料和有机材料在性质上的差异。
2. 了解沥青、木材及竹材的性能特点。
3. 了解沥青、木材及竹材的应用。

9.1 沥　　青

沥青是由不同分子量的碳氢化合物及其非金属衍生物组成的黑褐色复杂混合物,是高黏度有机液体的一种,多以液态或半固态的石油形态存在,表面呈黑色,可溶于二硫化碳、四氯化碳。沥青是一种防水、防潮和防腐的有机胶凝材料。沥青主要可以分为煤焦沥青、石油沥青和天然沥青三种。其中,煤焦沥青是炼焦的副产品;石油沥青是原油蒸馏后的残渣;天然沥青则是储藏在地下的天然物质,有的形成矿层,有的在地壳表面堆积。沥青主要用于涂料、塑料、橡胶等工业以及铺筑路面等。如果将黏稠沥青加热到流态,经机械作用使之在有乳化剂、稳定剂的水中分散成为微小液滴(粒径 2~5μm),可形成稳定乳状液,称为乳化沥青。

9.1.1 沥青的类别及组成

1. 沥青的类别

沥青分为地沥青和焦油沥青两大类。地沥青又分为天然沥青和石油沥青,天然沥青是石油渗出地表经长期暴露和蒸发后形成的残留物;石油沥青是将精制加工石油所残余的渣油,经适当的工艺处理后得到的产品。焦油沥青是煤、木材等有机物干馏加工所得的焦油经再加工后制成的产品。工程中采用的沥青绝大多数是石油沥青,石油沥青是复杂的碳氢化合物与其非金属衍生物组成的混合物。通常沥青闪点的范围在 240~330℃,燃点比闪点高约 3~6℃,因此施工温度应控制在闪点以下。

石油沥青是原油蒸馏后的残渣,根据提炼程度的不同,在常温下可呈液态、半固态或固态。石油沥青色黑而有光泽,具有较高的感温性。由于石油沥青在生产过程中曾经蒸馏至 400℃以上,因而所含挥发成分较少,但仍可能含有未挥发出来的高分子碳氢化合物,这些物质或多或少会对人体健康造成伤害。

煤焦沥青是炼焦的副产品,即焦油蒸馏后残留在蒸馏釜内的黑色物质。它与精制焦油只在物理性质上有区别,但没有明显的界线,一般的划分方法是规定软化点在 26.7℃(立方块法)以下的为焦油,26.7℃以上的为沥青。煤焦沥青中主要含有难挥发的蒽、菲、芘等,这些物质具有毒性,根据这些成分的含量不同,煤焦沥青的性质也有所不同。温度的变化对煤焦沥青的影响很大，冬季容易脆裂，夏季容易软化。煤焦沥青加热时有特殊的气味，加热到260℃并保持5h以后，其所含的蒽、菲、芘等成分就会挥发出来（见图9-1和表9-1）。

(a) 石油沥青　　　　　　　　　(b) 煤焦沥青

图 9-1　沥青

表 9-1　石油沥青和煤焦沥青的区别

鉴别方法	石 油 沥 青	煤 焦 沥 青
密度法	约等于 $1.0g/cm^3$	大于 $1.10g/cm^3$
锤击法	声哑，有弹性，韧性好	声脆，韧性差
燃烧法	烟无色，基本无刺激性臭味	烟为黄色，有刺激性臭味
溶液比色法	用30～50倍汽油或煤油溶解后，将溶液滴于滤纸上，斑点呈棕色	溶解方法同石油沥青，斑点有两圈，内黑外棕

天然沥青储藏在地下，有的形成矿层，有的在地壳表面堆积。这种沥青大都经过天然蒸发、氧化，一般已不含有任何毒素。

乳化沥青即是以沥青制成的乳液，它具有无毒、无臭、不燃、干燥快、黏结力强等特点。乳化沥青特别适合在潮湿基层上使用，可于常温下作业，不需加热，不污染环境，避免了操作人员受到沥青挥发物的伤害，同时加快了施工速度（见图9-2）。

建筑防水工程中，大多采用乳化沥青黏结防水卷材做防水层，其造价低、用量省，可减轻防水层重量，有利于防水构造的改革。道路建筑工程中，乳化沥青可与湿骨料黏附，黏结力强，且施工和易性好，易于拌合，可节约沥青用量，是一种有广阔发展前景的筑路材料。乳化沥青制成后应及时使用，图9-3所示为使用沥青后的沥青路面。

图 9-2　乳化沥青　　　　　　　图 9-3　沥青路面

2. 沥青的组成及特性

石油沥青是由多种碳氢化合物及其非金属（氧、硫和氮）衍生物组成的混合物。通常将石油沥青分为油分、树脂和地沥青质三个主要组分。油分为淡黄色至红褐色的油状体，是沥青中分子量最小和密度最小的组分，油分赋予沥青以流动性。一定条件下油分可以转化为树脂甚至地沥青质；树脂为黄色至黑褐色黏稠状物质（半固态），它赋予沥青以良好的黏结性、塑性和可流动性。树脂是沥青中的表面活性物质，可提高沥青对碳酸盐类岩石的黏附性，并有利于石油沥青的乳化；地沥青质为深褐色至黑色固态无定形物质，密度大于 $1g/cm^3$。地沥青质决定沥青的黏结力、黏度和温度稳定性。

煤焦沥青是将煤焦油进行再蒸馏，蒸去水分和油分所得到的残渣。各种油的分馏温度为：在 170℃ 以下时是轻油；170～270℃ 时是中油；270～300℃ 时是重油；300～360℃ 时是蒽油。有的残渣太硬还可加入蒽油调整其性质，使所生产的煤焦沥青便于使用。煤焦沥青可分离为油分、树脂 A、树脂 B、游离碳 C1 和游离碳 C2 等组分。

煤焦沥青温度稳定性较低，因含可溶性树脂多，由固态或黏稠态转变为黏流态（或液态）的温度间隔较窄，夏天易软化流淌而冬天易脆裂；与矿质集料的黏附性较好，因其组成中含有较多的极性物质，可赋予煤焦沥青高的表面活性，使其与矿质材料具有较好的黏附性；大气稳定性较差，含挥发性成分和化学稳定性差的成分较多，在热、阳光和氧气等长期综合作用下，煤焦沥青的组成变化较大，易硬脆；塑性差，含有较多的游离碳，容易变形而开裂；耐腐蚀性强，因含酚、蒽等有毒物质，防腐蚀能力较强，故适用于木材的防腐处理。又因酚易溶于水，故防水性不及石油沥青。

3. 沥青的应用

沥青作为石油化工和煤化的下脚料，和其他合成高分子材料相比，价格便宜，虽然具有高分子材料的基本性质，但性能较差，不同来源的沥青在性质上波动也较大。沥青主要作为铺路材料和防水材料使用。在实际应用中如果沥青不能满足性能要求，可以利用其他高分子材料对其进行改性，以改善其性能，如橡胶改性沥青、树脂改性沥青、环氧煤焦沥青等；或采用矿物等填料对其进行填充改性，如滑石粉、石灰石粉、硅藻土等。

1）沥青路面

沥青路面是指将沥青混凝土加以摊铺、碾压成型而形成的各种类型的路面。沥青混凝土是用具有一定黏度和适当用量的沥青材料与一定级配的矿物集料，经过充分拌合形成的混合物。沥青混凝土作为沥青路面材料，在使用过程中要承受行使车辆荷载的反复作用，以及环境因素的长期影响，所以除了要具备一定的承受能力，还必须具备良好的抵抗自然因素作用的耐久性。也就是说，沥青混凝土要能表现出足够的高温环境下的稳定性、低温状况下的抗裂性、良好的水稳定性、持久的抗老化性和利于安全的抗滑性等特点，以保证沥青路面良好的服务功能。

沥青路面平整少尘、不透水、经久耐用。因此，沥青路面是道路建设中一种被最广泛采用的高级路面（见图 9-4）。

2）沥青防水材料

以沥青为主要基料，可以制成卷材及涂料形式的防水材料。沥青价格便宜，但性能较差，属于低档的防水材料。不过通过其他高分子材料的改性，可以提升沥青的拉伸强度、温度稳定性、耐老化性等性能。

图 9-4 沥青路面铺设

9.1.2 沥青的技术性质

1. 黏滞性

在一定温度范围内，当温度升高时，沥青的黏滞性随之降低，反之则随之增大。沥青的黏度测定方法可分两类，一类为绝对黏度法，另一类为相对黏度法。工程上常采用相对黏度（条件黏度）来表示。测定沥青相对黏度的主要方法是用标准黏度计和针入度仪。

黏稠石油沥青的相对黏度是用针入度来表示的，针入度是反映石油沥青抵抗剪切变形的能力，针入度值越小，表明黏度越大。黏稠石油沥青的针入度是在规定温度 25℃ 的条件下以规定重量 100g 的标准针，经历规定时间 5s 贯入试样中的深度，以 1/10mm 为单位表示，符号为 P（25℃、100g、5s，见图 9-5）。

液态石油沥青或较稀的石油沥青的相对黏度，可用标准黏度计测定。标准黏度是在规定温度（20℃、25℃、30℃ 或 60℃）、规定直径（3mm、5mm 或 10mm）的孔口流出 50mL 沥青所需的

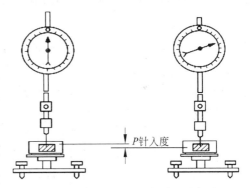

图 9-5 黏稠沥青针入度测试示意图

时间秒数，常用符号"CtdT"表示，其中 d 为流孔直径，t 为试样温度，T 为流出 50mL 沥青所需的时间（见图 9-6）。

2. 低温性能

沥青的低温性能与沥青路面的低温抗裂性有密切关系。沥青的低温延性与低温脆性是重要的路用性能指标，它们多通过沥青的低温延度试验和脆点试验来确定。

延性是指当沥青受到外力的拉伸作用时，所能承受的塑性变形的总能力，是沥青的内聚力的衡量，通常用延度表征（见图 9-7）。

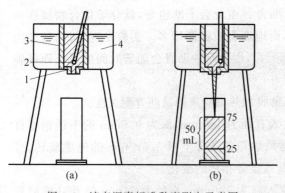

图 9-6　液态沥青标准黏度测定示意图
1—流孔；2—活动球杆；3—沥青；4—油

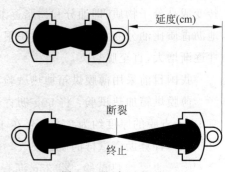

图 9-7　沥青延度测试

延度试验方法是将沥青试样制成∞形标准试件在规定拉伸速度和规定温度下拉断时的长度(以 cm 计)。沥青的延度采用延度仪来测定。

脆点是指沥青从黏弹性体转到弹脆体(玻璃态)过程中的某一规定状态的相应温度,该指标主要反映沥青的低温变形能力,通常采用弗拉斯脆点试验确定。沥青材料在低温下受到瞬时荷载作用时,常表现为脆性破坏。在实际工程中,通常要求沥青具有较高的软化点和较低的脆点,否则沥青材料在夏季容易发生流淌,在冬季容易变脆甚至开裂。

3. 感温性

沥青是复杂的胶体结构,黏度随温度的不同而产生明显的变化,这种黏度随温度变化的感应性称为感温性。对于路用沥青来说,感温性是极其重要的性能。首先沥青存在感温性才能使其在高温下的黏度显著降低,才有可能实现沥青与矿质混合料均匀拌合以及沥青混合料碾压成型;其次在沥青路面运营过程中,沥青在使用温度范围内保持较小的感温性,才能保障沥青路面高温不软化、低温不断裂。

沥青感温性测试是采用环与球软化点实验(见图 9-8)。该实验是将黏稠沥青试样注入内径为 18.9mm 的铜环中,环上置质量为 3.5g 的钢球,在规定的加热速度(5℃/min)下进行加热,沥青下坠 25.4mm 时的温度称为软化点,以℃表示。软化点越高,表明沥青的耐热性越好,即高温稳定性越好。软化点既是反映沥青热稳定性的指标,也是沥青条件黏度的一种量度。

图 9-8　环与球软化点测试

4. 耐久性

沥青在使用的过程中受到储运、加热、拌合、摊铺、碾压、交通荷载以及自然因素的作用,会发生一系列的物理和化学变化,逐渐改变了其原有的性能(黏度、低温性能)而变硬、变脆,这种变化称为沥青的老化。沥青路面应有较长的使用年限,因此要求沥青材料有较好的抗老化性能,即耐久性。

影响沥青耐久性的因素主要有大气(氧)、日照(光)、温度(热)、雨雪(水)、环境(氧化剂)以及交通荷载(应力)等。

在阳光、氧、水、空气和热的综合作用下,沥青各组分会不断递变,低分子化合物将逐步转变成高分子物质,即油分和树脂逐渐减少,而地沥青质逐渐增多。实验发现,树脂转变为地沥青质比油分变为树脂的速度快很多(约50%),因此石油沥青会随着时间的延长而硬脆性逐渐增大,直至脆裂。

我国目前采用薄膜烘箱加热试验和旋转薄膜加热试验来测试沥青耐久性。

薄膜烘箱加热试验:将50g沥青试样放入直径为140mm、深为9.5mm的不锈钢盛样皿中,沥青膜的厚度约为3.2mm,在163℃通风烘箱的条件下以5.5r/min的速率旋转,经过5h后,计算沥青试样的质量损失,并测试针入度等指标的变化。

旋转薄膜加热试验:将35g沥青试样装入高为140mm、直径为64mm的开口玻璃瓶中,盛样瓶插入旋转烘箱中,一边接受4000mL/min流量吹入的热空气,一边在163℃的高温下以15r/min的速度旋转,经过75min的老化后,测定沥青的质量损失、针入度及黏度等各种性能指标的变化。

9.2 木　　材

木材泛指用于工民建筑的木制材料,工程中所用的木材主要取自树木的树干部分。木材因取得和加工容易,自古以来就是一种主要的建筑材料。它具有重量轻、强度高、保温隔热、吸音隔声、防震、吸收紫外线以及美观自然等特点,至今仍是受人们青睐的一种居室内装饰材料和家具制造原材料。

9.2.1 木材的分类

1. 木材种类

木材可分为针叶树材和阔叶树材两大类。杉木、松木、云杉和冷杉等是针叶树材;柞木、水曲柳、香樟、檫木、桦木、楠木和杨木等是阔叶树材。中国树种很多,因此各地区用于工程的木材树种各异。东北地区主要有红松、落叶松(黄花松)、鱼鳞云杉、红皮云杉、水曲柳;长江流域主要有杉木、马尾松;西南、西北地区主要有冷杉、云杉、铁杉。

针叶树的叶片呈针状,多为常绿树,树干通直高大,纹理顺直,木质较软,易于加工,故又称为软木材。针叶树的强度较高,表观密度和胀缩变形较小,耐腐蚀性好,是建筑中的主要用材,通常用作建筑工程的承重构件(如梁、柱、桩、屋架等)、门窗、家具、地面及装饰,也可用于桥梁、造船、电杆、坑木、枕木、桩木及机械模型等工程。针叶树常用的树种有松木、杉木、柏木等。

阔叶树的叶片宽大,叶脉呈网状,多为落叶树,树干通直部分较短,表观密度大,材质较硬,难以加工,故又称为硬木材。阔叶树的木材强度高、胀缩变形大,易翘曲、开裂,通常用于制作尺寸较小的构件,一般用于建筑工程、机械制作、桥梁、造船、枕木、坑木及胶合板等。阔叶树某些树种加工后有美丽的纹理和色彩,可用于做室内装饰或制作家具等。阔叶树常用的树种有樟木、榉木、柚木、水曲柳、柞木、桦木、色木等。

2. 常用木材

木材按供应形式可分为原条、原木、板材和方材。

原条是指已经除去皮、根、树梢,但尚未按一定尺寸加工成规定尺寸的木材;原木是原条按一定尺寸加工而成的规定了直径和长度的木材,可直接在建筑中作木桩、格栅、楼梯和木柱等。板材和方材是原木经锯解加工而成的木材。宽度为厚度的三倍和三倍以上的为板材,宽度不足厚度的三倍的为方材(见图9-9)。

(a) 方材　　　　　　　　(b) 板材

图 9-9　方材和板材

木材在土木工程中可被用作屋架、桁架、梁、柱、桩、门窗、地板、脚手架、混凝土模板以及其他一些装饰、装修等。

9.2.2　木材的物理性质

1. 密度

木材的实质密度是指构成木材细胞壁物质的密度,为 $1.50 \sim 1.56 \text{g/cm}^3$,各材种之间相差不大,在实际计算和使用中常取 1.53g/cm^3。木材的密度又分为基本密度和气干密度。

由于绝干材质量和生材(或浸渍材)体积较为稳定,测定的结果准确,因此基本密度适合用来比较木材性质,在木材干燥、防腐工业中,也具有实用性。气干密度是气干材质量与气干材体积之比。通常含水率在8%~20%时的木材密度为气干密度。木材气干密度是进行木材性质比较和生产使用的基本依据。中国林科院木材工业研究所根据木材气干密度(含水率15%时)将木材分为五级,单位为 g/cm^3,即很小为≤0.350;小为0.351~0.550;中为0.551~0.750;大为0.751~0.950;很大为>0.950。

2. 含水率

木材中所含水的质量占干燥木材质量的百分数即为含水率。木材中的水分按其与木材结合形式和存在的位置,可分为自由水、吸附水和化学结合水。自由水是指存在于木材细胞腔、细胞间隙中的水,它影响着木材的表观密度、抗腐蚀性、干燥性和燃烧性;吸附水是指存在于细胞壁内纤维之间的水,它影响着木材强度和胀缩变形性能;化学结合水是指木材中,它在常温下不变化,故其对木材的性质无影响。

3. 湿胀与干缩

木材的湿胀干缩效应是指,当木材由潮湿状态干燥到纤维饱和点时,尺寸不变;继续干燥时,吸附水开始蒸发,木材发生体积收缩。也就是说,木材从潮湿状态干燥至纤维饱和点时,木材的尺寸基本不变,仅容重减小。当干燥至纤维饱和点以下时,细胞壁中吸附水开始蒸发,木材发生收缩;反之,干燥的木材吸湿发生体积膨胀,直至含水率达到纤维饱和点为止,此后木材含水量继续增加,体积基本上不再发生变化。

4. 木材的强度

在建筑结构中,木材常用的强度有抗拉强度、抗压强度、抗弯强度和抗剪强度。由于木材的构造各不相同,致使各向强度有差异,因此木材的强度有顺纹强度和横纹强度之分。理论上,木材顺纹抗拉强度为最大,其次是抗弯强度和顺纹抗压强度,但实际上,木材强度以顺纹抗压强度为最大。

木材含水率的大小直接影响木材的强度。含水率变化对抗弯强度和顺纹抗压强度的影响较大,对顺纹抗剪强度影响较小,而对顺纹抗拉强度几乎没有影响;木材抵抗荷载作用的能力与荷载的持续时间长短有关。木材在长期荷载作用下不发生破坏的最大强度称为持久强度。木材的持久强度比其极限强度小得多,一般为极限强度的 50%～60%。木材的强度随着环境温度的升高而降低,一般当温度由 25℃升到 50℃时,针叶树种的木材抗拉强度降低 10%～15%,其抗压强度降低 20%～24%。当木材长期处于 60～100℃时,木材中的水分和挥发物蒸发,会导致木材呈暗褐色,强度明显下降,变形增大。当温度超过 140℃时,木材中的纤维素发生热裂解,色渐变黑,强度显著下降。因此,长期处于高温环境的构筑物,不宜采用木结构。

5. 木材的缺陷

木材的缺陷主要分为以下四类。

(1) 天然缺陷:如木节、斜纹理以及因生长应力或自然损伤而形成的缺陷。包含在树干或主枝中的称为木节,原木的斜纹理常称为扭纹,对锯材则称为斜纹。

(2) 生物为害的缺陷:主要有腐朽、变色和虫蛀等。

(3) 容易变形:木材在干燥及机械加工中容易引起干裂、翘曲、锯口伤等缺陷。

(4) 可燃性:木材是由纤维素、半纤维素和木质素组成的高分子材料,是可燃性建筑材料。

9.2.3　木材的加工处理

1. 木材的干燥

为了防止木材的收缩、变形与开裂,必须对木材进行干燥,只有将木材干燥到规定的含水率后,才能保障其在长期使用过程中的稳定性。

木材的干燥包括自然干燥和人工干燥两种方法。

(1) 自然干燥是指将木材放置在阴凉处,搁置成垛,在自然条件下利用自然通风和太阳辐射进行干燥。这种方法的优点是简单易行;缺点是干燥周期偏长,一般要经过数月或数年,才能达到一定的干燥要求,且干燥程度最大只能达到平衡含水率,干燥过程中容易发生开裂和腐朽等现象。

（2）人工干燥的方法有很多，包括窑干法、液体干燥法、高频电流电场干燥法、红外线干燥法、离心力干燥法和真空干燥法等。选择哪种干燥方法要根据具体要求和经济条件来确定。生产中较为常用的是窑干法。窑干法是将木材置于保温隔热的密闭建筑物内，控制干燥介质（空气、炉气体、过热蒸汽等）的温度、湿度以及气流的速度和方向，然后进行木材干燥处理。

2. 木材的防腐

木材的防腐处理是可以使木材免受虫、菌等生物体侵蚀的技术。木材经过防腐处理后，具有防腐烂、防白蚁、防真菌等性能，能够适应户外比较恶劣的自然环境。

目前木材防腐加工所使用的防腐剂主要有CCA（主要成分为铜铬砷）、ACQ（主要成分为氨溶烷基胺铜）及CAB（主要成分为铜锉）。一般来说，要根据使用条件来确定防腐剂的药量，具体可参照GB/T 22102—2008《防腐木材》中的规定。CCA中含有极其微量的砷元素，国际上对于其是否会危害人体健康存在争议，在我国，相关规定认为CCA可以使用；ACQ不含砷、铬等化学物质，相对比较健康环保。

木材的防腐处理工序包括以下步骤。

1）真空和高压浸渍

真空和高压浸渍是指将防腐剂用真空和高压浸渍的方法打入木材内部，这是一个物理过程。在这个物理过程中，实现了部分防腐剂有效成分与木材中淀粉、纤维素及糖分的化学反应，破坏了造成木材腐烂的细菌及虫类的生存环境，有效提高了木材的室外防腐性能。真空和高压浸渍过程是防腐处理最重要的环节。

2）高温定性

高温定性是指在高温下继续使防腐剂尽量均匀地渗透到木材内部，并继续完成防腐剂中有效成分与木材中淀粉、纤维素及糖分的化学反应。通过高温定性，可进一步破坏造成木材腐烂的细菌及虫类的生存环境，大大巩固和增强了木材的防腐性能。

3）自然风干

自然风干是指将防腐木材放置在自然条件下，使防腐剂充分固定的过程。这个过程使木材性能更稳定，在使用时能够很好地保持原貌，呈现整体上的美观。

3. 木材的防火

木材在加热过程中，会释放出可燃性气体，温度不同，释放出的可燃性气体的浓度也不同。可燃性气体遇到火源，会出现闪燃、引燃等现象；若无火源，只要加热的温度足够高，也会发生自燃现象。

木材中碳氢化合物的含量很高，属易燃性建筑材料，因此必须对木材进行防火处理，提高其抗燃能力（即阻燃）。木材及其制品阻燃的方法主要分为物理和化学两种方法。物理方法是在木结构上采取措施，改进结构设计或增大构件断面尺寸，以提高其耐燃性；加强隔热，使木材不直接暴露于高温或火焰下。化学方法是用阻燃剂处理木材，使其在木材表面中层，隔绝或稀释氧气供给，破坏燃烧条件；或遇高温分解，放出大量不燃性气体或冲淡木材热解时释放出的可燃性气体；或阻延木材温度升高，降低导热速度，使其所需的温度。

涂料称为饰面型防火涂料，由多种高效阻燃材料和高强度的成膜物质组成,遇火后能迅速软化、膨胀、发泡,形成致密的蜂窝状隔热层,起到阻火隔热的功能,对木材有很好的保护作用。常用的防火涂料有CT-01-03微珠防火涂料、A60-1型改性氨基膨胀防火涂料、B60-1膨胀型丙烯酸水性防火涂料等。

9.2.4 人造木材

人造木材是用木材或木材废料为主要原料,经过机械加工和物理化学处理制成的一类再构成材料。木材的综合利用可以提高木材的利用率,节约优质木材,消除木材各向异性及缺陷带来的影响,对于弥补木材资源紧张具有重要意义。在防虫、防腐、防变形及阻燃等方面,人造木材通过合理地选择原材料和配方,比天然木材更具优势,并且性价比也较高。

1. 胶合板

胶合板是将原木蒸煮软化后,沿年轮切成大张薄片(约1mm厚),经胶黏、干燥、热压、锯边等工序,按纤维互相垂直的方式黏结成奇数层的板材。针叶树和阔叶树均可制作胶合板。工程中常用的是3层和5层的胶合板,称为三合板和五合板。胶合板的特点是幅面大、材质均匀、强度高且各向同性、吸湿性差、不易翘曲开裂、防腐、防蛀,且具有木材的天然花纹,装饰性好,易于加工(如锯切、组接及涂饰)等。较薄的三合板和五合板还可以制作弯曲造型,厚胶合板可以先通过喷蒸加热使其软化,然后再弯曲、成型,经干燥处理后可保证形状不变(见图9-10)。

2. 细木工板

细木工板由芯板和单板(也称夹板)组成,是指在芯板(由各种结构的拼板构成)两面,胶黏一层或两层单板,再经热压成型的一种具有实木板芯的特殊胶合板,又称"大芯板"。细木工板的特点是质轻、强度和硬度高、表面平整、吸声、绝热、易加工、握钉力好(见图9-11)。

图9-10 胶合板

图9-11 细木工板

3. 纤维板

纤维板是将树皮、刨花、树枝及植物纤维等材料破碎、浸泡、研磨成木浆,加入胶黏剂,经热压成型、干燥处理而制成的人造板材。生产纤维板可使木材的利用率达到90%以上。纤维板按表观密度分为高密度纤维板(表观密度>800kg/m³,又称硬质纤维板)、中密度纤维板(表观密度400~800kg/m³,又称半硬质纤维板)和低密度纤维板(表观密度<400kg/m³,又称软质纤维板)3种(见图9-12)。

4. 刨花板

刨花板是指将木材加工后的碎木、刨花等材料干燥后拌入胶料、硬化剂及防水剂等热压成型的一种人造板材,也称碎木板。刨花板具有表观密度小、强度低、保温性能好、易加工等特点。未做饰面处理的刨花板握钉力差。刨花板表面黏贴塑料贴面或胶合板作饰面层,不仅能增加板材的表面强度,而且还具有良好的装饰效果;经过特殊处理后,还可制得防火、防霉、隔声等不同性能的板材(见图9-13)。

图 9-12 纤维板

图 9-13 刨花板

5. 木丝板

木丝板是将木材碎料刨成细长木丝,经化学浸渍稳定处理后,用水泥、水玻璃胶结压制而成。木丝板具有质轻、隔热、隔音、吸声、防潮、防腐等特点,强度和刚度较高,韧性强;表面木丝纤维清晰,可粉刷、喷漆,装饰效果好;而且施工简便,价格低廉。木丝板主要用作吸声材料和隔热保温材料(见图9-14)。

6. 水泥木屑板

水泥木屑板是指以普通硅酸盐水泥和矿渣硅酸盐水泥为胶凝材料,木屑为主要填料,木丝或木刨花为加筋材料,加入水和外加剂,经过平压成型、保压养护、调湿处理等,制成的建筑板材(见图9-15)。

图 9-14 木丝板

图 9-15 水泥木屑板

7. 复合地板

复合地板泛指强化复合地板、实木复合地板。强化复合地板学名为浸渍纸层压木质地板,它是在原木粉碎后,添加胶、防腐剂及添加剂,经热压机高温高压压制处理而成,打破了原木的物理结构,克服了原木稳定性差的弱点。

实木复合地板分为三层实木复合地板、多层实木复合地板、新型实木复合地板三种,由于它是由不同树种的板材交错层压而成,因此克服了实木地板单向同性的缺点,干缩湿胀率小,具有较好的尺寸稳定性,并保留了实木地板的自然木纹和舒适的脚感。实木复合地板兼具强化复合地板的稳定性与实木地板的美观性,而且具有环保优势,是性能价值比较高的新型实木复合地板,也是木地板行业发展的趋势(见图9-16)。

复合地板的强度高,规格统一,耐磨系数高,防腐、防蛀且装饰效果好,克服了原木表面的疤节、虫眼及色差问题。复合地板无须上漆打蜡,使用范围广且易打理,是最适合现代家庭生活节奏的地面材料。另外,复合地板的木材使用率高,是很好的环保材料(见图9-17)。

图9-16 实木复合地板

图9-17 强化复合地板

8. 木塑板

木塑板是一种主要由木材(木纤维素、植物纤维素)为基础材料与热塑性高分子材料(塑料)和加工助剂等,混合均匀后再经模具设备加热挤出成型而制成的高科技绿色环保新型装饰材料。

木塑板的特点是防水、防潮、防虫、防白蚁;既具有天然的木质感和木质纹理,又可以个性定制需要的颜色;可塑性强,能非常简单地实现个性化造型,充分体现个性化风格;高环保性、无污染、无公害、可循环利用;高防火性,能有效阻燃,防火等级达到B1级,遇火自熄,不产生任何有毒气体;可加工性好,可订、可刨、可锯、可钻,表面可上漆;安装简单,施工便捷,不需要繁杂的施工工艺,节省安装时间和费用;不龟裂,不膨胀,不变形,无须维修与养护,便于清洁,节省后期维修和保养费用;吸音效果好,节能性好,使室内节能高达30%以上。这些特点使木塑板在室内、室外均可使用,应用范围广泛(见图9-18)。

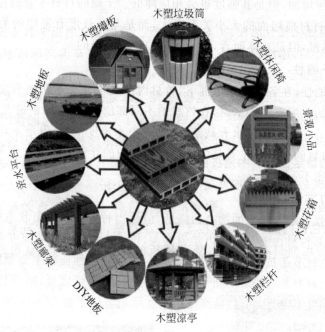

图 9-18 木塑板应用

9.3 竹 材

竹是一种高大、生长迅速的禾草类植物,茎为木质,分布于热带、亚热带至暖温带地区,东亚、东南亚和印度洋及太平洋岛屿上分布最集中,种类也最多。

竹材的利用有原竹利用和加工利用两类。原竹利用是把大竹材用作建筑材料、运输竹筏、输液管道;中、小竹材制作文具、乐器、农具、竹编等。加工利用有多种用途,如竹材层压板可制造机械耐磨零件等;竹材复合板曾制成第一架竹材单翼高级教练机;竹材人造板可作工程材料。此外竹黄还可制成多种工艺美术品。竹材也是制造纸、纤维板、醋酸纤维和硝化纤维的重要原料。竹炭表面硬度高于木炭,可用于冶炼工业和制取活性炭。

9.3.1 竹材的性能

1. 竹材的密度

竹材的密度是指单位体积竹材的质量,根据需求及应用范围的不同,分为两种密度,气干密度和基本密度。由于竹材的竹节位置、胸径、竹子的竹龄、竹子的种类、竹子的生存和立地条件的不同,竹材的基本密度是相对变化的,在 $0.4 \sim 0.8 \text{g/cm}^3$ 之间。竹材的基本密度不同也会影响其他方面的性质或含量,如基本密度小,则竹材的湿胀率和力学强度都会减小;基本密度大,竹材的机械性能和纤维含量会增加。

2. 竹材的吸水性

竹材的吸水性与水分蒸发是两个相反的过程。竹材的体积和各个方向的尺寸在竹材吸收水分后都会有所增加,但是其强度也会相应降低。干燥的竹材主要通过横切面进行吸水,但是其吸水性与竹材横切面的大小关系不大,而是与其长度有密切的关系,一般是竹材越长,吸水速度就越慢,但是总体而言,其吸水能力还是很强的。

3. 竹材的干缩性

竹材具有干缩性,在各种外部条件下,竹材内部的水分会不断地蒸发,从而导致竹材的体积减小。竹材的干缩率小于木材,在竹材的不同部位,弦向干缩率最大,径向干缩率次之,纵向干缩率最小;并且竹材失水有缺陷,干燥时失水速度很快,但是不均匀,容易造成径向裂纹,这是因为竹材的干缩率主要是由竹材维管束中的导管失水后产生干缩所致,而竹材中维管束的分布疏密不一。

4. 竹材的力学性质

竹材的力学强度随含水率的增高而降低,但是当竹材处于绝干状态时,因质地变脆,强度反而下降。上部竹材比下部竹材力学强度大,竹青比竹黄的力学强度大,竹材外侧抗拉强度要比内侧大,竹材节部抗拉强度要比节间低。造成以上性质的主要原因是节部维管束分布弯曲不齐,受力时容易被破坏;新生的幼竹,抗压、抗拉强度低,随着竹龄的增加,组织充实,抗拉和抗压强度不断提高;竹龄继续增加使组织老化变脆,抗压和抗拉强度又会有所下降。等截面的空心圆杆要比实心圆杆的抗弯强度大,并且空心圆杆的内外径之比越大,其抗弯强度也越大,当外径与内径之比为 0.7 时,空心的抗弯强度是实心的 2 倍。在承受轴向压缩大变形下,竹材承载的主体是竹纤维,轴向屈服极限是横向屈服极限的三倍。竹材的力学性能十分优越,抗拉强度能达到 530MPa,同时竹材的密度很低,单位质量的强度非常大,有利于结构受力。

9.3.2 竹材的优势

1. 良好的抗震性

地震发生时,相比较其他建筑材料的结构而言,由于竹结构的质量比较轻,吸收的地震能量比较少,并且竹材有着良好的韧性,对于冲击荷载或者是疲劳荷载有着较强的抵御能力,因此,有着良好的抗震性能;对于全为竹材的建筑,其材料的相容性较好,结构的整体性较强,能有效防止结构的连续性倒塌,避免造成人员和财产损失。

2. 生态环保、原料充足

在原料方面,一方面我国是世界上竹材资源最丰富的国家;另一方面竹子的生长周期很短,条件要求不是很高,这为其以后的大规模应用提供了客观条件。竹子在生长过程中,相比于普通树木,有很强的光合作用,能有效地改善空气质量,并且,由于竹结构的构件都是预制,通过螺钉或铆钉连接在一起,在房屋拆除后,可回收并再次被利用,因此,竹材是生态环保的材料。

随着中国"天然林禁伐"和"退耕还林"政策的实施,木材供需矛盾日益紧张,在部分领域实施"以竹代木"切实可行。天然林禁伐后,中国木材供给量每年大约减少 2 亿立方米,供需缺口每年约为 4.5 亿立方米。作为建筑用材,每 60 根竹子可代替 1 立方米木材。

3. 竹结构比较经济

一方面,由于竹材的原材料相对于其他建筑材料比较便宜;另一方面,竹结构的残值率比较高,并且在建造的过程中,构件都是预制好的,只需用连接装置把预制好的构件连接即可,相对而言,需要的劳动力比较少。因此,综合以上特性,竹结构比较经济。

4. 保温、隔音性能好

相比钢筋混凝土和砌块而言,竹材的导热系数很小,因此,竹结构的能耗较低,保温隔热的性能要远远好于混凝土结构或砌体结构。

思 考 题

1. 沥青的来源和用途是什么?
2. 结合用途说明沥青有哪些性能指标?
3. 水性沥青和沥青相比有什么特点?
4. 简述天然木材和人造木材的优点与缺点。
5. 简述木材和竹材的优点与缺点。

本 章 小 结

沥青有少部分来源于天然的沥青矿,但更多的是来自石油工业和煤化工业的下脚料,沥青作为一种高分子材料,其成分复杂,是一种油和树脂掺杂而成的混合物。和定向合成的高分子材料相比(如塑料、橡胶),沥青的价格便宜,但性能(如拉伸强度)和这些高分子材料存在差距。沥青常作为铺路材料、防水材料等使用,和水泥基路面材料相比,沥青基的路面驾驶感更好,铺装快捷,不起灰。完全沥青基的防水材料由于性能较差,现在已经很少单独使用,通常会与其他高分子材料合成从而提高材料性能。

木材是传统的建筑材料,但是木材存在易腐蚀、易生虫、易燃等缺点,为了解决这些问题,人们会对木材进行化学处理,但这些处理方式不一定都能满足环保要求。人造木材是现代大量使用的建筑材料,通常采用脲醛树脂对木屑、木粉进行压制成型而制成,但制作过程中要采用合格的脲醛树脂,否则有可能造成甲醛超标。木塑板也是人造木材之一,它采用塑料颗粒和木屑或木粉共混挤出,它不存在甲醛超标的问题,是完全环保的人造材料。

竹材生长速度远高于木材,同时它还具有抗震性好、生态环保、原料充足、保温、隔音性好等优点,因此,我们应该加大竹材在建材方面的利用。

第 10 章 合成高分子材料

【学习目标】
1. 了解高分子材料的定义及基本原理。
2. 了解高分子材料的特性。
3. 了解高分子材料在建筑上的应用。

通常把分子量大于 10^4 的物质称为高分子化合物。高分子化合物按其存在的方式可分为天然高分子、半天然高分子、合成高分子;按主骨架成分可分为有机高分子和无机高分子;按主链结构可分为碳链高分子、杂链高分子和元素有机高分子;按应用功能可分为通用高分子、功能高分子、仿生高分子、医用高分子及生物高分子等。本章主要介绍有机合成高分子化合物。

10.1 高分子材料基本知识

高分子材料主要包括两大类树脂:热塑性树脂和热固性树脂。它们在性能上的区别是,前者可溶可熔,后者不溶不熔。"溶"指的是溶于溶剂,而"熔"指的是熔融。

热塑性树脂如塑料、橡胶,包括聚氯乙烯(PVC)、聚丙烯(PP)、聚乙烯(PE)、聚苯乙烯(PS)、三元乙丙橡胶、顺丁橡胶、氯丁橡胶、苯乙烯-丁二烯-苯乙烯嵌段共聚物(SBS)、乙烯-醋酸乙烯共聚物(EVA)等,它们可溶于相应的溶剂,加热可熔融,冷却后恢复原状,且因此过程可以反复进行,被称为热塑性树脂。热塑性树脂的成型方式较多,可以根据产品的应用要求来设计配方,例如,硬质塑料可以作为型材、管材,如塑料门窗、水管等;在硬质塑料中加入增塑剂可以做成卷材和膜材,如防水卷材和土工膜等;加入发泡剂可以做成隔热保温材料。

热塑性树脂为线型或支链型的分子结构(见图 10-1(a)和图 10-1(b)),自由体积大,分子间接合力低,因此弹性、塑性、柔顺性好,但是强度较低,耐热性和耐腐蚀性较差。

热固性树脂包括环氧树脂、酚醛树脂、不饱和聚酯树脂、脲醛树脂、呋喃树脂等,它们没有固化之前,是液态或粉状,加入固化剂固化以后,成为不溶或不熔的固态制品,浸入溶剂或是加热,只能使它们发生溶胀,因此称为热固性树脂。热固性树脂通常用于制作涂料和胶黏剂。

热固性树脂为体型结构(图 10-1(c)所示为交联或三维网络分子结构),通过固化剂的固化,形成了空间网状结构,因此强度高,硬度高,耐热性、耐腐蚀性较强,一旦固化成型后遇热不会再发生软化。

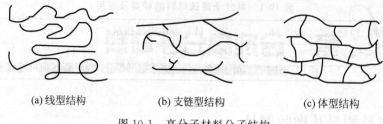

(a) 线型结构　　　　(b) 支链型结构　　　　(c) 体型结构

图 10-1　高分子材料分子结构

对于热塑性树脂而言,还有一个很大的特点,就是它的状态会随温度的变化而变化,即随着温度的升高有三态的变化,从玻璃态到高弹态再到黏流态(见图 10-2)。

(1) 玻璃态。当温度低于某一数值时,分子链作用力很大,分子链与链段都不能运动,此时高分子化合物呈非晶态的固体称为玻璃态;高分子化合物转变为玻璃态的温度称为玻璃化温度。当继续降温至高分子化合物表现出不能拉伸或弯曲的脆性时,此时的温度,称为脆化温度,简称脆点。

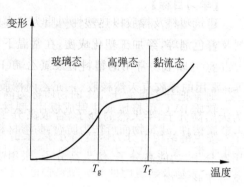

图 10-2　热塑性树脂随温度变化的状态

(2) 高弹态。当温度超过玻璃化温度时,由于分子链段可以发生旋转,使高分子化合物在外力作用下能产生大的变形,且外力卸除后又会缓慢地恢复原状,高分子化合物的这种运动状态称为高弹态。

(3) 黏流态。继续升温,当温度达到流动温度后,高分子化合物为极黏的液体,这种状态称为黏流态。此时,分子链和链段都可以发生运动。在受力时,分子间相互滑动产生形变,外力卸去后,形变不能恢复。

高分子化合物根据使用目的不同,对各个转变温度的要求也不同。通常,玻璃化温度低于室温的称为橡胶,玻璃化温度高于室温的称为塑料。玻璃化温度是塑料的最高使用温度,但却是橡胶的最低使用温度。

10.2　常用的高分子建筑材料

高分子建筑材料是以高分子化合物为基础组成的材料。高分子建筑材料因其质量轻、韧性高、耐腐蚀性好、功能多、易加工成型并具有一定的装饰性,成为现代建筑领域广泛采用的新材料,主要用于建筑功能材料。

高分子建筑材料是以高分子化合物为基本材料,加入一定的添加剂、填料,在一定温度、压力等条件下制成的有机建筑材料。高分子建筑材料和制品的种类繁多,应用广泛(见表 10-1)。

表 10-1　高分子建筑材料的种类及应用

种类	薄膜、织物	板材	管材	泡沫塑料	无定形	模制品
应用	防渗、隔离、土工	屋面、地板、模板、墙面	给排水、电信、建筑	隔热、防震	涂料、密封剂、黏合剂	管件、卫生洁具等

10.2.1　建筑塑料及橡胶制品

建筑塑料及橡胶以热塑性树脂为基本成分，配以一定量的辅助剂，如填料、增塑剂、稳定剂及着色剂等，经加工塑化成型，在常温下可保持形状不变。热塑性塑料在建筑高分子材料中占80%以上。常用的塑料有聚氯乙烯(PVC)、聚乙烯(PE)、聚丙烯(PP)、聚苯乙烯(PS)等；常用的橡胶有天然橡胶、三元乙丙橡胶、顺丁橡胶、氯丁橡胶等。

软质PVC可挤压或注射成板片、型材、薄膜、管道、地板砖及壁纸等；PVC糊喷塑或涂于金属构件、建筑物面可作为防腐、防渗材料。软质PVC制成的密封带，其防腐蚀能力优于金属止水带；硬质PVC力学强度高，是建筑上常用的塑料建筑材料，它适于制作排水管道、外墙覆面板、天窗及建筑配件等。塑料管道质轻、防腐蚀、不生锈、不结垢且安装、维修简便。

聚烯烃类高分子材料(包括PE和PP)，主要用于制备板材、管材、薄膜和容器；在建筑材料上可用于制作给排水管、燃气管、大口径双型波纹管、绝缘材料、防水防潮薄膜、卫生洁具、中空制品及钙塑泡沫装饰板等。

聚苯乙烯(PS)分为通用级、抗冲级和耐热级。由于聚苯乙烯具有透明、价廉、刚性大、电绝缘性好、印刷性能好、加工性好等优点，在建筑中适用于生产管材、薄板、卫生洁具及门窗配套的小五金等。

其他一些塑料也经常用于建筑材料，如聚甲基丙烯酸甲酯(PMMA)塑料，俗称有机玻璃或亚克力。高透明度的无定形热塑性PMMA的透光率比无机玻璃高，抗冲击强度是无机玻璃的8~10倍，紫外线透过率约73%，使用温度在−40~80℃；聚碳酸酯(PC)塑料，无毒、无味且无色透明(或淡黄透明)，透光率达90%，密度为1.2~1.25g/cm³，折射率为1.58(25℃时)，其机械强度，特别是冲击强度是目前工程塑料中最高的品种之一。PC耐热性能好，热变形温度为130~140℃，脆化温度为−100℃，能在−60~110℃下应用。PC耐酸、盐水溶液、油、醇，但不耐碱、脂、芳香烃，易溶于卤代烃。PC不易燃，具有自熄性，可制作室外亭、廊、屋顶等采光装饰材料。另外，还有品种繁多的高分子合金，性能可根据不同高分子合金的用途进行设计，用途极为广泛。

橡胶制品在建筑上主要用于防水卷材、皮革及密封材料等。

10.2.2　热固性树脂

热固性树脂如环氧树脂、聚氨酯、酚醛树脂、不饱和聚酯树脂、脲醛树脂、呋喃树脂等在建筑上也有一些应用，以环氧树脂(Epoxy resin,EP)的应用最多。

EP是大分子主链上含有多个环氧基团的合成树脂，称为环氧树脂。它对多种材料都有很强的黏结力，有"万能胶"之称，是当前应用比较广泛的胶种之一。环氧树脂地坪漆，具有耐腐蚀、耐磨损、防滑、污染小及装饰性强等特点,常应用在工业地坪等场所;环氧树脂灌浆料,高强、早强、黏接性好、流动性好并有一定弹性,可广泛用于混凝土裂缝补强及桥梁支撑座等受强压力区域。

聚氨酯(Polyurethane,PU)分为线型和体型两种,线型 PU 多用于热塑性弹性体和合成纤维,体型 PU 广泛用于泡沫塑料、涂料、胶黏剂和橡胶制品等。PU 橡胶具有较好的耐磨性、撕裂强度、耐臭氧、紫外线和耐油的特性。PU 大量用于装饰、防渗漏、隔离及保温等,广泛用于油田、冷冻、化工及水利等。

聚酯(Polyester,UP)树脂是制作玻璃钢的主要树脂,同时也是制作有机人造石材的主要树脂。在玻璃钢制造中不饱和聚酯的用量占 80% 左右。玻璃钢相对密度为 1.7～1.9,仅为结构钢材的 20%～25%,为铝合金的 30%～50%,但其比强度却高于铝合金,接近钢材。

10.2.3 建筑胶黏剂及涂料

1. 建筑胶黏剂

凡能在两个物体表面之间形成薄膜层,并将两个或两个以上同质或不同质的物体黏接在一起的材料称为胶黏剂。黏接是通过物理或化学作用实现的,形成的薄膜在被黏材料之间起到应力传递的作用。胶黏剂已成为新型建筑材料的一种,广泛地应用于施工、装饰、密封和结构黏接等领域。

建筑胶黏剂的品种很多,大致品种如表 10-2 所示。

表 10-2 建筑胶黏剂品种

种类		特性	主要用途
热塑性树脂胶黏剂	聚乙烯缩醛胶黏剂	黏接强度高、抗老化、成本低且施工方便	黏接塑料壁纸、瓷砖、墙布等,加入水泥砂浆中改善砂浆性能,也可配成地面涂料
	聚醋酸乙烯酯胶黏剂	黏附力好,水中溶解度高,常温固化快,稳定性好,成本低,耐水性、耐热性差	黏接各种非金属材料、玻璃、陶瓷、塑料、纤维织物及木材等
	聚乙烯醇胶黏剂	水溶性聚合物,耐热、耐水性差	适合黏接木材、纸张、织物等,与热固性胶黏剂并用
热固性树脂胶黏剂	环氧树脂胶黏剂	万能胶,固化速度快,黏接强度高,耐热、耐水、耐冷热冲击性能好,使用方便	黏接混凝土、砖石、玻璃、木材、皮革、橡胶、金属等,多种材料的自身黏接与相互黏接,适用于各种材料的快速黏接、固定和修补
	酚醛树脂胶黏剂	黏附性、柔韧性好,耐疲劳	黏接各种金属、塑料和其他金属材料
	聚氨酯胶黏剂	较强黏接力,良好的耐低温性与耐冲击性。耐热性差,自身强度低	适于胶接软质材料和热膨胀系数相差较大的两种材料

一般而言,热塑性树脂胶黏剂单组分施工,使用比较方便,但黏接强度较低;热固性树脂胶黏剂双组分使用,黏接强度较高,通常可作为结构胶黏剂使用。

2. 建筑涂料或油漆

涂料是指涂敷在物体表面，能形成牢固附着的连续薄膜材料。它对物体起到保护、装饰或某些特殊的作用。涂料一般以水为分散介质，或者以液体树脂和活性稀释剂作为流动性载体，而油漆一般以溶剂为分散介质。涂料和油漆相比，对人体无毒无害，环保性好。

涂料或油漆主要由四种成分组成：成膜材料、颜料、分散介质和辅助材料。涂料或油漆的成膜材料由各类热塑性或热固性树脂构成，涂料使用的树脂首先要进行乳化，做成乳液的形式，以水为分散介质，加入颜料和各种助剂做成具有各类用途的涂料；油漆是以溶剂为分散介质制成。由于环保性的要求，油漆在建筑上的使用越来越少，但在户外结构上仍然会有应用。

（1）外墙涂料。外墙涂料的要求为适应高层外墙装饰性、耐候性、耐污染性、保色性高及低毒。目前使用较为普遍的外墙涂料为真石漆。

（2）内墙涂料。内墙涂料以适应健康、环保及安全为发展方向，重点开发水性类、抗菌型乳胶类。防火、防腐、防碳化及保温也是内墙多功能涂料的研究方向。防水涂料向富有弹性、耐酸碱、隔音、密封、抗龟裂及水性型方向发展；功能涂料将在隔热保温、防晒、防蚊蝇及防霉菌等方向迅速发展。

（3）地坪涂料。地坪涂料可以保护地面，起到防尘，耐磨，清洁及防潮的作用，所以被现代工业地面、商业地面及车库地面等广泛使用。地坪涂料有环氧平涂、环氧自流平、聚氨酯砂浆、单组分丙烯酸涂料等，但以环氧地坪为主。

10.3 高分子建筑材料的性质

1. 密度低、比强度高

高分子建筑材料的密度范围为 $0.9 \sim 2.2 \text{g/cm}^3$，泡沫塑料的密度可以低到 0.1g/cm^3 以下。由于高分子建筑材料自重轻，所以对高层建筑很有利。虽然高分子材料的绝对强度不高，但比强度（强度与密度的比值）却超过钢材和铝材。

2. 减震、隔热和吸声功能

高分子建筑材料的密度小（如泡沫塑料），可以减少振动、降低噪声。高分子材料的导热性很低，一般导热系数为 $0.024 \sim 0.81 \text{W/(m·K)}$，是良好的隔热保温材料，保温隔热性能优于木质和金属制品。

3. 可加工性

由于高分子建筑材料成型的温度、压力很容易控制，因此适合不同规模的机械化生产。高分子建筑材料的可塑性强，可制成各种形状的产品。高分子建筑材料生产能耗小（约为钢材的 $1/2 \sim 1/5$；铝材的 $1/3 \sim 1/10$），原材料来源广，材料成本低。

4. 电绝缘性

高分子建筑材料的介电损耗小，是较好的绝缘材料，广泛用于电线电缆、控制开关及电器设备等。

5. 装饰效果

高分子建筑材料成型加工方便、工序简单，可以通过电镀、烫金、印刷和压花等方法制备出各种质感与颜色的产品,具有灵活、丰富的装饰性。

6. 耐化学性

高分子建筑材料有很好的抵抗酸、碱、盐侵蚀的能力,特别适用于化学工业。高分子建筑材料一般吸水率和透气性很低,有很好的防潮、防水功用。

7. 高分子建筑材料的缺点

高分子建筑材料的缺点有热膨胀系数大、弹性模量低、易老化、易燃等,且燃烧时会产生有毒烟雾。通过对基材和添加剂的改性,可以改善高分子建筑材料的性能。

思 考 题

1. 高分子建筑材料在性能上有哪些特点?
2. 高分子建筑材料有哪些用途,举例说明。
3. 热固性树脂和热塑性树脂在结构与性能上有哪些不同?分别举例说明。
4. 塑料的玻璃化温度和黏流温度有什么意义?

本 章 小 结

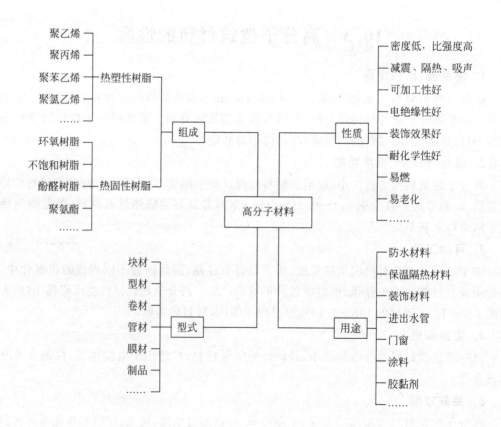

【拓展阅读】 好年

这篇文章将讲述一位叫"好年"(Goodyear,音译名:固特异)的发明家的故事。

1493年,哥伦布踏上了南美洲大陆,他看到了一种从未见过的、有弹性的且能够防水的材料,但他并没有表现出对它的兴趣。200年后,1693年,法国科学家拉康达才追根溯源,发现这种材料原来是由印第安人砍的一种叫"橡胶"的树流出的白色黏稠汁液所形成的。从橡胶树移植到欧洲,到天然橡胶有了一些小小的应用,比如做橡皮擦、雨衣,又波澜不惊地过了一百多年。由于天然橡胶热天发黏,冷天变脆,应用受到了很大局限。

直到1839年,固特异成功改造了它。他将天然橡胶和硫黄混合在一起加热,竟然发现天然橡胶变得又强又韧。

这种橡胶硫化技术大大提升了橡胶的性能,使橡胶成了一种真正有用的材料,而固特异也由此成为世界橡胶之父。

这项发明改变了世界,但是这位"好年"先生的一生,却没过上什么好年,直到生命的最后10年,他才享受到应得的荣光。在伦敦水晶宫举办的万国博览会里,他的发明赢得了6项大奖。

1898年,弗兰克希柏林兄弟开始制造橡胶制品。为了纪念固特异,兄弟俩将公司取名"固特异轮胎橡胶公司"。

第11章 功能材料

【学习目标】
1. 掌握常用功能材料定义。
2. 掌握常用功能材料性能要求。
3. 掌握常用功能材料在具体材料上的选用方法。

11.1 防水材料

防水材料，简单地说就是能够防止雨水、地下水及其他水分侵蚀渗透的材料。

11.1.1 防水材料概述

从作用来说，防水具有两方面的含义，一方面是防止水渗透进入建筑物内部，另一方面是防止水进入混凝土内部。前者讲的防水作用比较容易理解，比如住房，通过对屋面、外墙、卫生间、厨房及地下室等部位进行防水，可以防止水透过隔断进入房间内部，从而给人提供一个干燥舒爽的空间；后者讲的防水，实质上是为了提高混凝土的耐久性。由于混凝土特别是钢筋混凝土的腐蚀，基本上离不开水，没有水作为介质，腐蚀作用很难发生，所以，防水也可以说是防腐。比如，混凝土立交桥、高铁轨道及水坝等所做的防水都是起防腐作用的。

从采取的措施和手段来看，防水可以分为材料防水和构造防水两大类。材料防水可以分为刚性防水（如防水砂浆、防水混凝土等）和柔性防水（如涂料、卷材和密封材料）；构造防水则是采取合适的构造形式，阻断水的通路，以达到防水的目的，如止水带和空腔构造等。本章主要介绍防水材料，尤其是柔性防水材料。

对于防水砂浆、防水混凝土等刚性防水材料而言，保证材料成型的密实性，不出现裂缝是防水的基本要求，除此之外，有机硅渗透防水材料、水泥渗透结晶防水材料、聚合物砂浆等也是常见的刚性防水材料。

柔性防水材料采用的是高分子材料，由于具有一定的延伸性，可以承受一定的变形。对于房屋建筑而言，柔性防水材料使用更加普遍，除局部使用的密封材料，卷材和涂料也是常用的两种形式。卷材更适合大面积平整面的铺贴，涂料更适合阴阳角、管道等地方的防水，卷材和涂料复合形式也已经普遍使用。对于柔性防水材料而言，材料的拉伸强度、断裂伸长率及耐老化性等是它最重要的技术指标，直接决定了其品质的优劣。

沥青属于石油化工和煤化工的下脚料，和其他合成高分子材料相比价格便宜；作为有机材料，它属于憎水性材料，不溶于水，耐水，结构致密，黏结力良好，耐腐蚀性好。沥青作为防水、防潮材料,可用于屋面或地下防水工程、防腐蚀工程、贮水池、浴池及桥梁等。但是和其他合成高分子材料相比,沥青在力学性质和耐老化特性方面较差,属于低档防水材料。为了提升沥青的材料性能,一般会与其他高分子材料合成从而对其进行改性;或完全采用其他合成高分子材料作为防水材料。

11.1.2 防水材料分类

柔性防水材料按材质分为沥青类防水材料、改性沥青类防水材料、其他高分子类防水材料;按用途可分为防水卷材、防水涂料、密封材料(密封膏或密封胶条)。

1. 防水卷材

防水卷材是建筑工程中防水材料的重要品种之一。防水卷材的主要技术性质包括抗拉强度、延伸率、抗撕裂强度、不透水性、温度稳定性及耐老化性等。

防水卷材主要包括沥青防水卷材、高聚物改性沥青防水卷材及合成高分子卷材。

1)沥青防水卷材

沥青防水卷材是指以各种石油沥青或煤焦沥青为防水基材,以原纸、织物及毛毡等为胎基,用不同矿物粉料、粒料或合成高分子薄膜、金属膜作为隔离材料所制成的可卷曲片状防水材料。

沥青防水卷材具有原材料广、价格低及施工技术成熟等特点,可以满足建筑物的一般防水要求。沥青防水卷材常见的形式有以下几种:

(1)纸胎油毡(传统"三毡四油"中的防水卷材);

(2)玻璃布胎油毡;

(3)铝箔面油毡。

2)高聚物改性沥青防水卷材

在沥青中添加适当的高聚物改性剂,可改善传统沥青防水卷材温度稳定性差、延伸率低的缺点。高聚物改性沥青防水卷材具有高温不流淌、低温不脆裂、拉伸强度高和延伸率较大等优点。

改性沥青防水卷材有以下两种。

(1)SBS改性沥青防水卷材。SBS改性沥青防水卷材最大的特点是低温柔韧性能好,尤其适用于寒冷地区和结构变形频繁的建筑物。

(2)APP改性沥青防水卷材。APP改性沥青防水卷材具有优良的综合性质,尤其是耐热性能好,非常适宜用于高温地区或阳光辐射较强的地区。

3)合成高分子防水卷材

根据主体材料的不同,合成高分子防水卷材一般可分为橡胶型、塑料型和橡塑共混型三大类,各类又分别有若干品种。下面介绍一些常用的合成高分子防水卷材。

(1)三元乙丙(EPDM)橡胶防水卷材。三元乙丙橡胶防水卷材是以三元乙丙橡胶或在三元乙丙橡胶中掺入适量的丁基橡胶为基本原料,加入硫化剂、软化剂、促进剂、补强剂等,经精确配料、塑炼、拉片、过滤、压延成型及硫化等工序加工而成的高弹性防水卷材(见图11-1)。

EPDM橡胶防水卷材耐老化性好,但是接缝处理比较困难,容易出现连接不牢渗水的现象。

(2) 聚氯乙烯(PVC)防水卷材。聚氯乙烯防水卷材是以聚氯乙烯树脂为主要原料,掺入适量的改性剂、增塑剂和填充料等添加剂,以挤出制片法或压延法制成的可卷曲的片状防水材料。PVC防水卷材在户外使用时具有耐候性,并具有优异的抗紫外线性、耐热性和耐老化性。PVC防水卷材也非常适合室内使用,它具有阻燃作用。PVC防水卷材容易焊接在一起,在屋顶上的使用寿命通常可以达到25年,在地面上使用可以超过50年。但PVC防水卷材有可能会因为发生增塑剂的迁移而影响黏接强度。在高pH值的环境中使用PVC防水材料容易被腐蚀,如果被腐蚀,将会发生渗水。

图 11-1　EPDM 橡胶防水卷材

(3) 氯化聚乙烯-橡胶共混防水卷材。氯化聚乙烯-橡胶共混防水卷材是以高分子材料氯化聚乙烯与合成橡胶共混为基料,掺入各种适量化学助剂和填充料,经过混炼、压延及挤出等工序制成的防水卷材。氯化聚乙烯-橡胶共混防水卷材兼具氯化聚乙烯优异的力学性能、耐老化性能和橡胶的高弹性,除尺寸稳定性(热收缩率)不如三元乙丙橡胶防水卷材外,其他材性指标均与三元乙丙橡胶防水卷材相当。

(4) TPO防水卷材。TPO防水卷材即热塑性聚烯烃类防水卷材,是以采用先进的聚合技术将乙丙橡胶与聚丙烯结合在一起的热塑性聚烯烃(TPO)合成树脂为基料,加入抗氧化剂、防老剂及软化剂制成的新型防水卷材,可以用聚酯纤维网格布做内部增强材料制成增强型防水卷材。TPO防水卷材耐老化性好,可制成自黏型卷材,也可进行焊接,延伸率大,可做各种颜色,使用寿命长,易于维修。

2. 防水涂料

防水涂料是指在常温下呈流态或半流态,经涂布后通过溶剂的挥发、水分的蒸发或各组分的化学反应,形成具有一定弹性的连续薄膜,使基层表面与水隔绝,并能抵抗一定的水压力,从而起到防水和防潮作用的材料。

防水涂料的分类,根据成膜物质的主要成分,分为沥青类防水涂料、高聚物改性沥青类防水涂料及合成高分子类防水涂料;根据液态类型,分为溶剂型、水乳型及反应型。出于对环保的要求,防水涂料也有水性化、无溶剂及高固含的发展趋势。

1) 沥青类防水涂料

沥青类防水涂料的成膜物质是石油沥青,一般分为溶剂型和水乳型两种。

溶剂型沥青防水涂料是将石油沥青直接溶解于汽油等有机溶剂后制得的溶液。沥青溶液施工后所形成的涂膜很薄,一般不单独作防水涂料使用,只作沥青类油毡施工时的基层处理剂。

水乳型沥青防水涂料即水性沥青防水涂料,是以乳化沥青为基料的防水涂料。水乳型沥青防水涂料使用方法为借助乳化剂的作用,在机械强力搅拌下,将熔化的沥青微粒均匀地分散于溶剂中,使其形成稳定的悬浮体。这类涂料对沥青基本上没有改性作用或改性作用不大。水乳型沥青防水涂料可涂刷或喷涂在建筑物表面上作为防潮或防水层,也可用于拌制冷用沥青砂浆或混凝土。

2) 高聚物改性沥青防水涂料

沥青防水涂料通过适当的高聚物改性可以显著提高其柔韧性、抗裂性、流动性、耐高低温及耐久性等性能。这种改性的涂料为高聚物改性沥青防水涂料,常见的有氯丁橡胶改性沥青防水涂料、SBS改性沥青防水涂料、APP改性沥青防水涂料、再生橡胶改性沥青防水涂料、PVC改性煤焦油防水涂料。

3) 合成高分子类防水涂料

合成高分子类防水涂料是以多种高分子聚合材料为主要成膜物质,添加其他辅料配制而成的多组分或单组分防水涂料,具有优良的高弹性和绝佳的防水性能。

防水涂料的特点如下。

① 常温下呈液态,特别适宜在立面、阴阳角、穿结构层管道、不规则屋面及节点等细部构造处进行防水施工,固化后能形成完整的防水膜。

② 属于冷施工,可刷涂、喷涂,操作简便、速度快,环境污染小。

③ 温度适应性强,在−30~80℃的条件下均可使用。

3. 其他类防水材料

1) 防水密封材料

土木工程中,凡具备防水功能和防止液、气及固态物质侵入的密封材料,称为防水密封材料。防水密封材料的基材主要有油基、橡胶、树脂及无机类等,其中橡胶、树脂等性能优异的高分子材料是防水密封材料的主体,故称为高分子防水密封材料。防水密封材料有膏状、液状和粉状等。

防水密封材料应用于建筑物门窗密封、嵌缝,混凝土、砖墙、桥梁、道路伸缩的嵌缝,给排水管道的对接密封及装配式建筑的填缝等。

2) 有机硅防水材料

有机硅防水材料可制成涂料的形式,也可以对防水表面进行直接渗透,在表面不形成涂膜,利用有机硅的憎水效应,起到防水效果。有机硅防水材料分油性和水性两种,可用于混凝土、石材及瓷砖等。有机硅防水材料由于减少了水分对材料内部的渗透,大大提高了材料的耐久性,并大大减少了微生物、藻菌类生物体在材料表面的富集(这些生物体的富集一方面会释放酸性物质腐蚀材料;另一方面会影响材料外观),同时,由于有机硅渗透进材料的内部,不存在涂层剥落的问题,保护效果更为持久(见图11-2)。

图11-2 有机硅在混凝土上的防水

3) 水泥基渗透结晶防水材料

水泥基渗透结晶型防水涂料的主要成分为硅酸盐水泥、精选石英砂及特种活性化学物质等,为灰色粉末状材料。水泥基渗透结晶型防水涂料的防水机理在于以水为载体,通过水的引导,借助强有力的渗透性,在混凝土微孔及毛细管中进行传输、充盈,发生物化反应,形成不溶于水的枝蔓状结晶体。水泥基渗透结晶型防水涂料结晶体可与混凝土结构结合成封闭的防水层整体,堵截来自任何方向的水流及其他液体侵蚀,达到永久性防水、耐化学腐蚀的目的,同时起到保护钢筋,增强混凝土结构强度的作用。

水泥基渗透结晶型防水涂料的适用范围为地下铁道、地下室、混凝土管、水库、发电站、冷却塔、水坝、钢筋混凝土船、隧道、船坞沉箱、屋顶广场、停车平台、电梯坑、污水处理厂、游泳池、核电站、食品贮藏库、污水池、桥梁结构、水族馆、鱼类孵化物、粮仓、高速公路、机场、停机坪、油池、运动场、混凝土路面、卫生间等。

11.2 装 饰 材 料

随着人们生活水平的提高,建筑不仅要给人们提供一个舒适安全的空间,也需要提供美的享受,因此,建筑的装饰也成为建筑必不可少的一部分。除了建筑和器物造型,各种各样的装饰材料,因为提供了不同的质感、色彩、光泽及通透性,也成为人们审美的重要组成。

装饰材料作为建筑材料的一部分,除了要满足装饰效果,在性能上,还要求具有强度、耐水性、热工、耐腐蚀及防火性等,同时,在保护人们的身心健康和环保方面,要求也越来越高。

11.2.1 色彩、质感和形式

1. 色彩

红色给人一种温暖、热烈的感觉,有刺激和使人兴奋的作用;绿色、蓝色给人一种宁静、清凉、寂静的感觉,能消除精神紧张和视觉疲劳;橙色给人轻快、欢欣、热烈、温馨及时尚的感觉;黄色的亮度最高,有温暖感,具有快乐、希望、智慧和轻快的个性,给人灿烂辉煌的感觉;紫色给人神秘、朦胧及压迫的感觉;黑色具有庄重、深沉、神秘、寂静、悲哀及压抑的感受;白色具有洁白、明快、纯真及清洁的感受;灰色具有中庸、平凡、温和、谦让、中立和高雅的感觉。

光泽是材料表面方向性反射光线的性质,用光泽度表示。材料表面越光滑,光泽度越高。当为定向反射时,材料表面具有镜面特征。光泽度不同,则材料表面的明暗程度、视野及虚实对比会大不相同,它对物体形象的清晰程度有决定性影响。

2. 质感

质感是材料的表面组织结构、花纹图案、颜色、光泽和透明性等带给人的一种综合的感觉,能引起人的心理反应和联想。各种材料在人的感官中有软硬、轻重、粗犷、细腻和冷暖等感觉,如金属能使人产生坚硬、沉重和寒冷的感觉;皮革、丝织品会使人联想到柔软、轻盈和温暖;石材可使人感到稳重、坚实和牢固;未加装饰的混凝土则容易让人产生粗犷、原始的印象。装饰材料的质感特征与建筑装饰的特点要有一致性(见图11-3和图11-4)。

图11-3 清水混凝土

图11-4 透光混凝土

3. 形式

装饰装修工程对于块材、板材和卷材等装饰材料的形状和尺寸,以及表面的天然花纹、纹理及人造花纹或图案都有特定的规格和偏差要求。

尺寸大小要满足强度、变形、热工和模数等方面的要求,如型材的截面大小要满足承载能力、变形要求,玻璃的厚度满足其热工性能要求等。

材料本身的形状、表面的凹凸及材料之间交接面上产生的各种线形有规律的组合易产生情感共鸣。水平线给人安全感;垂直线显得稳定均衡;斜线有动感和不稳定感。装饰材料的选用需考虑造型的美观(见图11-5)。

图11-5 装饰砂浆

11.2.2 环保及性能要求

1. 环保要求

对装饰材料的生产、施工及使用,要求能耗少、施工方便且污染低,需满足环境保护的要求。近些年的研究结果表明,现代建筑装饰材料的大量使用是引起室内外空气污染的主要因素之一,主要表现为材料表面释放出的甲醛、芳香族化合物、氨和放射性气体氡超标,可通过呼吸和皮肤接触对人体造成危害。建筑装饰材料中的环境污染问题及相应的污染控制需得到重视。建筑材料放射性核素限量,胶黏剂、涂料、聚氯乙烯地板及壁纸中有害物质限量应符合国家标准 GB/T 18580~18588 及 GB/T 6566 的要求。

装饰材料要尽量选择低能耗、无污染及多功能的绿色建筑材料,这样不仅能减少二氧化碳的排放,也能保证人们的身心健康。

2. 性能要求

建筑外部装饰材料要经受日晒、雨淋、冰冻、霜雪、风化和介质侵蚀作用,建筑内部装饰材料要经受摩擦、冲击、洗刷、沾污和火灾等作用。因此,装饰材料在满足装饰功能的同时要满足强度、耐水性、保温、隔热、耐腐蚀和防火性等方面的要求。

11.2.3 各类装饰材料

为了达到不同的装饰效果,我们会使用各种各样的无机材料和有机材料作为装饰装修材料。

1. 无机非金属材料

常用的作为装饰材料的无机非金属材料包括石材、陶瓷及玻璃等,还可用混凝土和砂浆直接作为装饰材料。

1)石材

常用的石材有花岗石和大理石。花岗石是一种火成岩,属硬石材。花岗石的化学成分随产地的不同而有所区别,其主要矿物成分是长石、石英,并含有少量云母和暗色矿物。花岗石常呈现出一种整体均粒状结构,正是这种结构使花岗石具有独特的装饰效果,其耐磨性和耐久性优于大理石,同时,花岗石具有较强的放射性,因此,一般用于室外。

天然大理石是石灰岩与白云岩在高温、高压作用下矿物重新结晶变质而成的。纯大理石为白色,称为汉白玉。如在变质过程中混入了氧化铁、石墨、氧化亚铁、铜及镍等其他物质,大理石就会出现各种不同的色彩、花纹和斑点。这些斑斓的色彩和石材本身的质地使大理石成为古今中外的高级建筑装饰材料。

人造石材是采用无机或有机胶凝材料作为黏结剂,以天然砂、碎石及石粉等为粗、细填充料,经成型、固化及表面处理而成的。人造石材分为水泥型人造石材、树脂型人造石材、复合型人造石材及烧结型人造石材。由于人造石材价格便宜,效果逼真,越来越受到市场的欢迎。

花岗石板材的技术要求如下。

(1)花岗石板材产品按加工质量和外观质量分为优等品(A)、一等品(B)和合格品(C)三个等级。

(2)尺寸规格允许偏差:按照 GB/T 18601—2019《天然花岗石建筑板材》中的规定,包括尺寸、平面度和角度等允许偏差均应在规定范围内。异型板材规格尺寸允许偏差由供需双方商定,拼缝板材正面与侧面的夹角不得大于 90°。

(3)外观质量:同一批板材的色调、花纹应基本调和。板材正面的外观缺陷(缺棱、缺角、裂纹、色斑及色线等)应符合 GB/T 18601—2019《天然花岗石建筑板材》中的规定。

(4)镜面光泽度:镜面板材的正面应具有镜面光泽度,能清晰反映出景物,其镜面光泽度值应不低于 80 光泽单位。

(5)表观密度:不小于 $2.56g/cm^3$。

(6)吸水率:一般用途的不大于 0.6%,功能用途的不大于 0.4%。

(7)干燥压缩强度:一般用途的不小于 100MPa,功能用途的不小于 131MPa。

(8)弯曲强度:一般用途的不小于 8.0MPa,功能用途的不小于 8.3MPa。

大理石装饰板材的技术标准如下。

(1)大理石装饰板材的板面尺寸有标准规格和非标准规格两大类。我国行业标准 GB/T 19766—2016《天然大理石建筑板材》中的规定,大理石装饰板材的形状可分为普通型板材(PX)和圆弧型板材(HM)两类。普通型板材为正方形或长方形,其他形状的板材为圆弧型板材。大理石装饰板材的产品质量又分为优等品(A)、一等品(B)和合格品(C)三个等级。

(2) 尺寸规格允许偏差：按照 GB/T 19766—2016 中的规定，包括尺寸、平面度和角度等允许偏差均应在规定的范围内。普型板拼缝板材正面与侧面的夹角不得大于 90°，圆弧板侧面角应不小于 90°。

(3) 外观质量：同一批板材的花纹色调应基本调和。板材正面的外观缺陷(裂纹、缺棱、缺角、色斑及砂眼等)应符合 GB/T 19766—2016 中的规定。

(4) 镜面光泽度：大理石板材的抛光面应具有镜面光泽，能清晰反映出景物。其镜面光泽度值应不低于 70 光泽单位。

(5) 表观密度：不小于 $2.30g/cm^3$。

(6) 吸水率：不大于 0.50%。

(7) 干燥压缩强度：不小于 50.0MPa。

(8) 弯曲强度：不小于 7.0MPa。

(9) 耐磨度：不小于 $10(1/cm^3)$。

2) 玻璃

玻璃是以石英砂、纯碱、长石及石灰石等为主要原料，经 1550~1600℃ 高温熔融、成型、冷却及固化后得到的透明非晶态无机物。玻璃的耐久性好，具有耐水、耐燃、耐腐蚀，质地坚硬及透光性好等优点，缺点是脆性大，易碎。

玻璃一般有以下几类产品。

(1) 平板玻璃：主要利用其透光和透视特性，用作建筑物的门窗、橱窗及屏风等装饰。这一类玻璃制品包括普通平板玻璃、磨砂平板玻璃、磨光平板玻璃、花纹平板玻璃和浮法平板玻璃。

(2) 饰面玻璃：主要利用其表面色彩、图案、花纹及光学效果等特性，用于建筑物的立面装饰和地坪装饰。

(3) 安全玻璃：主要利用其高强度、抗冲击及破碎后无危险性等特性，用于建筑物门窗、阳台走廊、采光天棚及玻璃幕墙等。

(4) 功能玻璃：具有吸热或反射热、吸收或反射紫外线、光控或电控变色等特性。

(5) 玻璃砖：块状玻璃制品，主要用于屋面和墙面装饰，包括特厚玻璃、玻璃空心砖、玻璃锦砖及泡沫玻璃等。

3) 陶瓷

凡以黏土、长石和石英为基本原料，经配料、制坯、干燥和焙烧制成的成品，统称为陶瓷制品，用于建筑上的统称为建筑陶瓷。建筑陶瓷一般有以下几类产品。

(1) 陶瓷墙地砖：一般指外墙砖和地砖。其中，外墙砖常用于建筑物外墙的饰面砖。

(2) 陶瓷锦砖：也称陶瓷马赛克，是片状小瓷砖，主要用于厨房、餐厅和浴室等的地面铺贴。

(3) 釉面砖：属精陶质制品，主要用于厨房和卫生间等做饰面材料。

(4) 卫生陶瓷制品：有洗面器、大小便器、洗涤器和水槽等。

(5) 琉璃制品：应用于园林建筑屋面、屋脊的防水性装饰等处。

2. 金属材料

1) 铝合金

纯铝强度较低，为提高其实用价值，常在铝中加入适量的铜、镁、锰、锌及铬等元素组成铝合金。铝合金广泛用于建筑工程结构和建筑装饰，如铝合金型材、屋架、屋面板、幕墙、门窗框、活动式隔墙、顶棚、暖气片、阳台、楼梯扶手、铝合金花纹板、镁铝曲面装饰板、其他室内装修及建筑五金等。

2) 不锈钢

在钢的冶炼过程中，加入铬(Cr)、镍(Ni)等元素，形成以铬为主要元素的合金钢，称为不锈钢。建筑装饰用不锈钢制品主要是薄钢板、各种不锈钢型材、管材和异型材，通常用来做屋面、幕墙、门、窗、内外墙饰面、栏杆扶手和护栏等室内外装饰。

不锈钢的主要特征是耐腐蚀、有光泽度。不锈钢经不同的表面加工可形成不同的光泽度和反射性，按此可将其划分成不同的等级。

3. 有机高分子材料

有机高分子材料包括天然高分子材料及合成高分子材料。天然高分子材料主要有木材和竹材；合成高分子材料有各类塑料制品及涂料等，由于它比重小，易于成型和着色，适合作为各类装饰材料。

1) 塑料及热固性树脂

(1) 塑料壁纸。以纸为基层，以聚氯乙烯塑料为面层，经压延、涂布、印刷、轧花或发泡而制成的材料即为塑料壁纸。聚氯乙烯塑料壁纸是目前应用比较广泛的壁纸。

塑料壁纸的特性：花纹图案逼真，装饰效果好；具有一定的伸缩性和耐裂强度；难燃、隔热、吸声、防霉且不易结露，对酸碱有较强的抵抗能力，不怕水洗，不易受机械损伤；易于黏贴，使用寿命长，易维修、保养和清洁。

(2) 塑料地板、地板革及地毯。塑料地板，即用塑料材料铺设的地板。塑料地板按其使用状态可分为块材(或地板砖)和卷材(或地板革)两种；按其材质可分为硬质、半硬质和软质(弹性)三种。

塑料地板革在医院、图书馆等场合应用较多，有足感舒适、安静、样式丰富、安装维修方便的优点(见图11-6)。

塑料地毯给人以温暖、舒适及华丽的感觉；具有绝热保温作用，可降低空调费用；具有吸声性能，可使住所更加宁静；具有缓冲作用，可防止滑倒；原料来源丰富，成本较低。

图11-6 塑料地板

(3) 树脂装饰板。树脂装饰板是以三聚氰胺树脂、酚醛树脂等热固性树脂为浸渍材料或以树脂为基材，采用一定的生产工艺制成的具有装饰功能的普通或异型断面的板材。树脂装饰板的特性是重量轻、装饰性强，生产工艺简单，施工简便，易于保养，适于与其他材料复合。

(4) 塑料门窗。塑料门窗是以聚氯乙烯(PVC)树脂为主要原料，加上一定比例的稳定剂、改性剂、填充剂及紫外线吸收剂等助剂，经挤出加工成型，然后通过切割、焊接的方式制成门窗框、扇，配装上橡塑密封条、五金配件等附件而成。PVC树脂具有良好的隔热性能，其传热系数小,仅为钢材的1/357、铝材的1/1250;气密性、水密性、抗风压、隔声性和耐候性较好;本身能自熄,不自燃、不助燃,防火性能好,安全可靠。

2）木材

装饰用木材的树种包括杉木、红松、水曲柳、柞木、栎木、色木、楠木和黄杨木等。木材中,凡木纹美丽的可作室内装饰之用,木纹细致、材质耐磨的可供铺设拼花地板。

木纹是由一些大体平行但又不交织的纹理构成的图案,给人以流畅、自然、轻松、自如的感觉;木纹"涨落"周期式变化的图案,给人以多变、起伏、运动、生命的感觉;木材对辐射线有独特的吸收和反射作用;木材的组成成分、界面构造及导热性能使其具有调节温度及湿度,散发芳香,吸声,调光等作用。

常见的木材装饰制品有木地板、木装饰线条、木花格。木地板分为条木地板、拼花木地板和复合木地板;木装饰线条有楼梯扶手、压边线、墙腰线、天花角线、弯线、挂镜线、门窗镶边和家具装饰等。

3）竹材

竹材可用于某些特色装修。竹地板以天然原竹为原料,经锯片、干燥、四面修平、上胶、油压拼板、开槽、砂光及涂漆等工艺,同时经过防霉、防蛀和防水处理而制得。竹地板表面光洁、耐磨,花纹与色泽自然,不变形,防水,脚感舒适,易于维护和清扫,适用于饭店、住宅和办公室的地面装饰。

4）涂料

涂于建筑物表面并能干结成膜,具有保护、装饰、防锈、防火或其他功能的物质称为涂料。涂料由主要成膜物质、次要成膜物质、稀释剂和助剂组成。主要成膜物质在涂料中起成膜及黏结填料和颜料的作用,使涂料在干燥或固化后能形成连续的涂膜;次要成膜物质是指涂料中所用的颜料和填料,它们也是构成涂膜的组成部分,并以微细粉状均匀地分散于涂料介质中,赋予涂膜以色彩、质感,使涂膜具有一定的遮盖力,减少收缩,还能增加膜层的机械强度,防止紫外线穿透,提高涂膜的抗老化性、耐候性。次要成膜物质不能离开主要成膜物质而单独组成涂膜。

常用的颜料应具有良好的耐碱性、较好的耐候性、资源丰富、价格便宜、无放射性污染及安全可靠等特点。

填料的主要作用在于改善涂料的涂膜性能,降低生产成本。

稀释剂为挥发性溶剂或水,主要起到溶解或分散基料,改善涂料施工性能等作用。稀释剂是一种能溶解油料、树脂,又易于挥发,能使树脂成膜的有机物质。

助剂是为进一步改善或增加涂料的某些性能而加入的少量物质,通常使用的有增白剂、防污剂、分散剂、乳化剂、润湿剂、稳定剂、增稠剂、消泡剂、硬化剂和催干剂等。

建筑涂料的主要品种包括以下几种。

（1）墙面涂料。墙面涂料是应用最多的建筑涂料,分为外墙涂料和内墙涂料,用于保护墙体和装饰墙体的立面,提高墙体的耐久性或弥补墙体在功能方面的不足。外墙涂料需要具有更好的耐水、耐温变及耐紫外线的能力,内墙涂料应具有更好的环保性(见图11-7)。

（2）地面涂料。地面涂料对地面起装饰和保护作用,有的还有特殊功能如防腐蚀、防静电等。地面涂料需要具备以下性能:较好的耐磨损性、良好的耐碱性、良好的耐水性、良好的抗冲击性、施工方便及重涂性能好。常见的地面涂料有环氧地坪漆,常用于厂房、地下停车场等(见图11-8)。

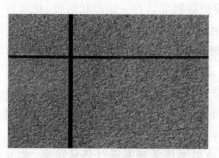

图11-7 外墙真石漆

图11-8 地下停车场的环氧地坪漆

(3) 防水涂料。防水涂料形成的涂膜能防止雨水或地下水渗漏的涂料,即为防水涂料。用防水涂料取代传统的沥青卷材,可简化施工程序,加快施工速度。防水涂料应具有良好的柔性、延伸性,使用中不应出现龟裂、粉化。

(4) 防火涂料。防火涂料又称阻燃涂料,它是一种涂刷在建筑物某些易燃材料表面上,能够提高易燃材料的耐火能力,为人们提供一定灭火时间的一类涂料。防火涂料可分为钢结构防火涂料、木结构防火涂料和混凝土防火涂料。

(5) 特种涂料。特种涂料除具有保护和装饰作用外,还具有特殊功能,如卫生、防静电和发光。

11.3 绝热材料与吸声材料

1. 绝热材料

1) 概述

建筑中,通常将防止室内热量流向室外的材料称为保温材料,将防止室外热量进入室内的材料称为隔热材料。保温材料和隔热材料统称为绝热材料。

在建筑物中合理使用绝热材料,能提高建筑物使用效能,保证正常的生产、工作和生活,能减少热损失,节约能源。据统计,具有良好的绝热功能的建筑,其能源可节省25%~50%。

不同的建筑材料具有不同的热物理性能,衡量其保温隔热性能优劣的指标主要是导热系数 $\lambda[W/(m·K)]$。导热系数越小,则通过材料传递的热量越少,其保温隔热性能越好。工程中,通常把导热系数小于 $0.23W/(m·K)$ 的材料称为保温隔热材料(又称为绝热材料)。

影响材料导热性的主要因素有以下几点:

(1) 材料的组成及微观结构;

(2) 孔隙率与孔隙特征;

(3) 材料的湿度;

(4) 材料的温度;

(5) 热流方向。

2）常用绝热材料

（1）无机散粒状绝热材料。膨胀蛭石、膨胀珍珠岩、海泡石等，除可用作填充材料外，还可与水泥、水玻璃、磷酸盐、沥青等经拌合、成型、养护后制成具有一定形状的板、块及管壳等绝热制品。

（2）无机多孔类绝热材料。无机多孔类绝热材料包括多孔混凝土、微孔硅酸钙、泡沫玻璃及硅藻土等。

（3）无机纤维状绝热材料。无机纤维状绝热材料包括玻璃棉、矿物棉等。玻璃棉除可用作围护结构及管道绝热外，还可用于低温保冷工程。矿渣棉是以冶金炉渣为原料制成。矿物棉一般作为填充材料使用，根据需要，可制成各种规格的毡、板及管壳等制品。

（4）相变储能建筑材料。相变储能建筑材料是利用相变技术进行热量转换，通过相变作用在节能环保住宅建造、改造中达到降低能源消耗和碳排放的一种新材料。

（5）气凝胶。气凝胶（Aerogel）是一种三维网络结构的先进纳米材料。当凝胶脱去大部分溶剂，使凝胶中液体含量比固体含量少得多，或凝胶的空间网状结构中充满的介质是气体，外表呈固体状，即为气凝胶。气凝胶目前主要用于管道保温。

（6）有机绝热材料包括以下几种。

① 泡沫塑料是以各种树脂为基料，加入一定剂量的发泡剂、催化剂和稳定剂等辅助材料经加热发泡制成的一种轻质保温材料。有机绝热材料常用品种有聚氨酯泡沫塑料、聚苯乙烯泡沫塑料、聚氯乙烯泡沫塑料及酚醛泡沫塑料等。

② 软木板：以栓树的外皮或黄菠萝树皮为原料，经碾碎后热压制成。碳化软木板常用于冷藏库的保冷材料。

③ 蜂窝板：以较薄的面板贴在蜂窝状芯材的两侧制成。

④ 木丝板：以木材下脚料为原料，经机械加工制成均匀木丝，加入水玻璃溶液与普通硅酸盐水泥混合，再经成型、冷压、干燥及养护制成。木丝板多用作天花板、隔墙板或护墙板。

2. 绝热材料的选用及基本要求

绝热材料的基本要求是：导热系数不宜大于 $0.23W/(m \cdot K)$，表观密度不宜大于 $600kg/m^3$，抗压强度应大于 $0.3MPa$。

在围护结构中，常把绝热材料层与承重结构材料层复合使用。

屋顶保温层以放在屋面板上为宜，这样可以防止钢筋混凝土屋面板由于冬夏温差引起裂缝，但保温层上必须添加效果良好的防水层。

3. 吸声材料

1）吸声材料的作用原理

当声波遇到材料表面时，入射声能的一部分从材料表面反射，另一部分则被材料吸收。被吸收声能（E）和入射声能（E_0）之比，称为吸声系数，其计算公式为

$$\alpha = (E/E_0) \times 100\%$$

假如入射声能的 60% 被吸收，40% 被反射，则该材料的吸声系数等于 60%。当入射声能 100% 被吸收而无反射时，吸声系数等于 100%。当门窗开启时，吸声系数相当于 1。一般材料的吸声系数范围是 0～1。

吸声机理是声波进入材料内部互相贯通的孔隙，受到空气分子及孔壁的摩擦和黏滞阻

力,以及使细小纤维作机械振动,从而使声能转化为热能。

吸声材料大多为疏松多孔的材料,如矿渣棉、毯子等。多孔性吸声材料的吸声系数,一般从低频到高频逐渐增大,故对高频和中频的吸声效果较好。

2) 吸声材料的结构形式

(1) 多孔性吸声结构。多孔性吸声结构具有良好的中高频吸声性能。多孔性吸声材料具有大量的内外连通微孔,通气性良好。

多孔性吸声材料的吸声性能与材料的表观密度和内部构造有关,主要有以下几点。

① 材料表观密度和构造的影响。

② 材料厚度的影响。

③ 背后空气层的影响。

④ 材料孔隙特征的影响。

(2) 薄板振动吸声结构的特点、构成及原理如下。

特点:具有低频吸声特性,同时还有助于声波的扩散。

构成:建筑中常用胶合板、薄木板、硬质纤维板、石膏板、石棉水泥板或金属板等,把它们固定在墙或顶棚的龙骨上,并在背后留有空气层,即成薄板振动吸声结构。

原理:薄板振动吸声结构是在声波作用下发生振动,薄板振动时由于板内部和龙骨之间出现摩擦损耗,使声能转变为机械振动而起吸声作用。

(3) 共振吸声结构。共振吸声结构具有密闭的空腔和较小的开口,很像瓶子。当瓶腔内空气受到外力激荡,会按一定的频率振动,这就是共振吸声器。

(4) 穿孔板组合共振吸声结构。穿孔板组合共振吸声结构具有适合中频的吸声特性。这种吸声结构由穿孔的胶合板、硬质纤维板、石膏板、石棉水泥板、铝合板及薄钢板等固定在龙骨上,并在背后设置空气层构成。

(5) 柔性吸声结构。柔性吸声结构是具有密闭气孔和一定弹性的材料,如聚氯乙烯泡沫塑料,表面仍为多孔材料,但因其有密闭气孔,声波引起的空气振动不能直接传递至材料内部,只能相应地产生振动,在振动过程中能克服材料内部的摩擦而消耗声能,从而引起声波衰减。

(6) 悬挂空间吸声结构。悬挂空间吸声结构是悬挂于空间的吸声体,由于声波与吸声材料的两个或两个以上的表面接触,增加了有效的吸声面积,产生边缘效应,再加上声波的衍射作用,大大提高了吸声效果。

(7) 帘幕吸声结构。帘幕吸声结构是具有通气性能的纺织品,安装在离墙面或窗洞一定距离处,背后设置空气层。

3) 吸声材料的选用及安装注意事项

(1) 要使吸声材料充分发挥作用,应将其安装在最容易接触声波和反射次数最多的表面上,而不应把它集中在天花板或某一面墙壁上,并应比较均匀地分布在室内各表面上。

(2) 吸声材料强度一般较低,应设置在护壁线以上,以免碰撞破损。

(3) 多孔吸声材料往往易于吸湿,安装时应考虑到湿胀、干缩的影响。

(4) 选用的吸声材料应不易虫蛀、腐朽,且不易燃烧。

(5) 应尽可能选用吸声系数较高的材料,以便节约材料用量,降低成本。

(6) 安装吸声材料时应注意勿使材料的表面细孔被油漆的漆膜堵塞而降低其吸声

效果。

（7）应选用表观密度大的材料（如钢筋混凝土、实心砖等）作为隔绝空气声的材料。

（8）应在产生和传递固体声的结构（如梁、框架、楼板与隔墙以及它们的交接处等）层中加入具有一定弹性的衬垫材料，如软木、橡胶、毛毡、地毯或设置空气隔离层等，以阻止或减弱固体声的继续传播。

思 考 题

1. 为满足防水要求，防水卷材应具有哪些技术性能？
2. 防水卷材和防水涂料在防水工程上如何选用？
3. 什么是绝热材料？
4. 简述绝热材料的基本特性。
5. 什么是隔声材料和吸声材料，它们的特性是什么？

本 章 小 结

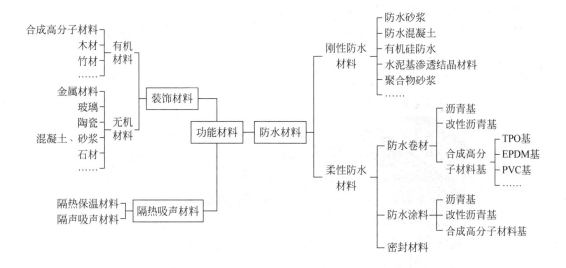

第12章 应用场景

下面选取房屋建造和装饰装修（主要是内装修）两个典型的应用场景，简单介绍建筑材料在其中的应用。

12.1 房屋建筑

房屋建筑工程简称房建或建筑工程，是指对新建、改建或扩建房屋建筑物和附属构筑物所进行的勘察、规划、设计、施工、安装和维护等各项技术工作及其完成的工程实体。单体框架结构建筑工程施工步骤包括：建筑物定位放线；土方开挖、验槽；基础承台、基础梁施工；回填夯实；主体结构柱、梁、板施工，预埋电管；填充砌体施工；屋面保温、防水；室内外墙面装修；门窗安装；建筑电气安装；落架；起重架拆除；室外工程施工。这些基本建造过程所用到的建筑材料包括：混凝土、钢筋、砂浆、水泥、石、砂、木材、铝合金及塑料等。现以广东科学技术职业学院第五教学楼（J5）为例，讲述建筑材料在建筑中的应用。

图12-1～图12-6 为 J5 的 BIM 图，表12-1 为 J5 所使用的部分材料清单。

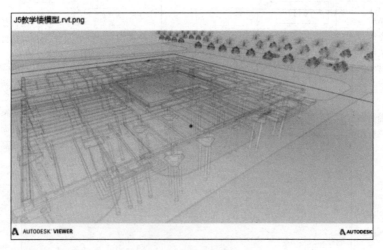

图12-1 J5首层

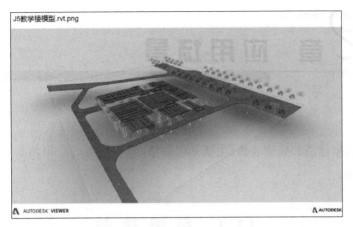

图 12-2　结构基础

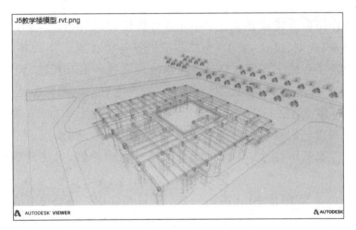

图 12-3　结构柱

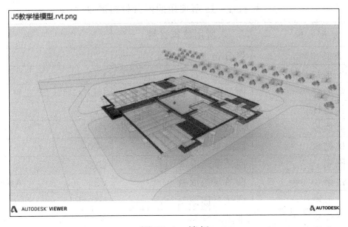

图 12-4　楼板

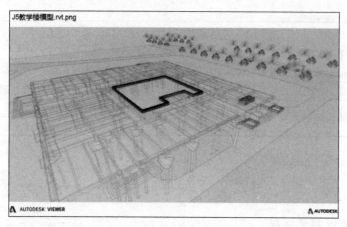

图 12-5　墙

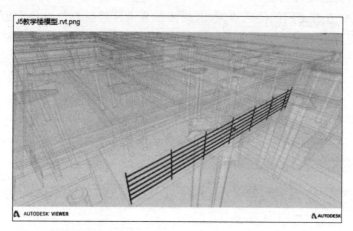

图 12-6　栏杆扶手

表 12-1　J5 所使用的部分材料清单

序号	部 位	所用建筑材料	要　　求
1	垫层	聚合物水泥混凝土	C20
2	桩承台基础	商品泵送混凝土	C40、P6
3	矩形柱	商品泵送混凝土	C40、C45、C50 三种
4	构造柱	商品泵送混凝土	C20
5	有梁板	商品泵送混凝土	C40
6	挑檐板	商品泵送混凝土	C30
7	圈梁	商品泵送混凝土	C20
8	过梁	商品泵送混凝土	C20
9	直形墙	商品泵送混凝土	C40、P6
10	现浇构件钢筋	Ⅲ级螺纹钢	$\phi6$、$\phi12$-14、$\phi16$-25、$\phi28$-32、$\phi36$-40
11	填充墙	蒸压加气混凝土砌块	7.5MPa
11	填充墙	砌筑砂浆	M7.5
12	推拉窗	铝合金、玻璃	70 系列铝合金、钢化玻璃
13	屋面保温	挤塑聚苯乙烯泡沫塑料	阻燃 B2 级

续表

序号	部位	所用建筑材料	要求
14	屋面防水	聚氯乙烯自黏卷材	1.5mm 厚
15	屋面涂膜防水	聚氨酯防水涂料	单组分Ⅰ型
16	墙面抹灰	抹灰砂浆	湿拌抹灰砂浆,掺抗裂纤维、防水粉
17	墙面喷刷涂料	腻子粉	两道
		无机涂料	燃烧等级为 A 级

12.2 装饰装修

1. 装饰装修材料的选择

1) 符合建筑物的使用功能

不同的建筑物有着不同的使用功能,因此其在装饰装修材料的选择上也会不同。在居家环境中,客厅是家庭成员一天活动时间最长的场所,需要全面考虑每个成员的日常行为习惯,尽量做到可以包容所有成员的身心,因此装饰装修材料要以舒适、质朴为标准;卧室是休息与睡眠的场所,需要私密且静谧,使家庭成员能够充分放松,因此装饰装修材料以性能、品质为主要考量;书房是工作和读书的场所,需要绝对的安静,因此装饰装修材料需简单,色彩不跳脱,不分散注意力;餐厅是就餐的场所,因此装饰装修材料可以选用能够激发食欲的暖色系;对于厨房、卫生间来说,装饰装修材料需要更加注重其功能性,应该以抗污染、耐擦洗、不透水为主要考量(见图 12-7 和图 12-8)。

图 12-7 餐厅装修图

图 12-8 卫生间装修图

2) 与建筑空间保持一致性

在进行建筑设计时,材料的选择对设计效果的呈现影响极大,因此我们在选择时,需要充分考虑设计空间的整体布局、色彩与线条的整体搭配等,以确保建筑的整体性与设计感。例如在色彩的选择上,黄色、红色及橘色等属于暖色系,可以给人以温暖的感觉,适合运用在更需要温馨的家庭室内装饰装修上;白色、蓝色及青色等属于冷色系,会给人整洁、冷涩之感,更适合用于像办公区、艺术长廊等需要整洁、明朗和艺术设计感的公共场所。

不同的材料也会带给人不同的感受,像木质材料会让人觉得温和、柔软以及舒适自然,而工业合成材料会显得冷硬、凝重。因此,装饰装修时需要将不同的材料进行适合的空间搭配,才能完美地展现出它们的价值(见图12-9)。一旦混搭,将冷硬的工业合成材料用到需要温暖的卧房,将柔软的木质材料用到需要清冷感的艺术画廊,就容易出现材料与空间不一致的现象,极大地影响设计的效果。

图12-9 卧室装修图

3) 充分体现绿色节能环保的理念

近年来人们更提倡节能环保,在建筑装饰装修材料的选择上更加倾向于选择绿色环保的材料,以使自己的居住生活环境更加安全、舒适。例如,大多数人在选择装修的主体材料时,会选用无毒无污染的原材料及水溶性涂料或者PVC环保壁纸、木纤维壁纸等,减少对环境的污染与破坏;在地板的装饰上,大多数人都会选择木地板、天然石材等。木地板容易受潮,因此不适合装饰在南方等空气湿润、容易受潮的地方,如果必须选择木地板,一定要事先做好防潮工作,同时选择低甲醛的木地板。选择天然石材时一定要选择不含放射性元素的,要避免有毒材料的使用,保证质量安全。

玻璃与合成石是我们现代建筑装饰装修中常用的材料。在绿色环保的角度上,可以选择低辐射的镀膜玻璃,它能够有效地隔离紫外线并减少红外线反射,改善建筑物受热与辐射的状况,缓解夏季的燥热不安(见图12-10)。合成石因其价格低廉、外观精美及经久耐用的优点在装饰装修上被广泛选择,但是我们要注意使用后将剩余的合成石整理回收二次使用,以实现环保的目的。

图12-10 门厅装修图

2. 装饰装修材料的应用

1) 与建筑内部环境的统一

建筑的内部环境主要是指建筑内部的声环境、光环境与湿度环境。声环境主要是指建筑内部的隔音效果。现代大多数人在选择居住环境的时候,首先会考虑是否有好的隔音效果。当建筑材料的表面接收到声波时,它的微孔会将声波转化为空气振动,而微孔表面的空气运动摩擦与黏滞阻力能够很好地消耗声能,从而实现隔音的目的。根据此工作原理,表面有一定深度且大量开口连通中空的材料,能够有很好的隔音效果,例如有大量气孔的各种纤维材料,岩棉、矿棉或是木质纤维有机材料等。这些材料能够使外界声波在进入墙体材料时被转化为内部振动,然后再通过建筑的减振来消除声波带来的振动,达到隔音效果。

光环境主要是利用室外自然的光与室内人为营造的光,实现整体居住环境的光循环,在材料的应用上既要体现设计的美感,又要满足业主的功能需求。例如镜面材料会呈现美轮美奂的设计意境,透明与半透明的材料会使空间更宽敞,适合用于客厅等家中公共环境(见图 12-11);亚光材料看起来会相对柔和,对光的吸收与反射不会很强,比较适合用于卧室等安静场所。

图 12-11　客厅装饰装修图

建筑装饰装修材料中对建筑内部湿度环境影响最大的就是木质材料,因为木材本身的含水率会受到室温的影响。当室温降低时,木材会开始释放水分调节室内湿度;当室温升高时,木材吸湿能力会减弱,加上本身导热性不强,会很好地阻隔室外高温,保持室内的清凉。

2)墙体节能技术的应用

在墙体装饰装修中,首先需设置保温层。保温层主要采用墙体抹灰的方式,配合保温材料的黏贴来实现保温的目的。在墙体的喷涂过程中,首先需找平,清理墙面污渍,进而保证施工墙面整洁,涂抹层的均匀。墙体的装饰装修除了对工人的施工技术有要求,还会受到当地的气候、自然特点等因素的影响,因此想要顺利干挂施工,需综合考虑各方面可能会出现的问题,充分保障干挂系统的安全与稳定。

3)施工

建筑装修施工的特点是项目繁多,造价高,人工多,投入资金大,施工质量对建筑物使用功能和整体建筑效果影响大。装饰工程包括抹灰、吊顶、涂刷、裱糊、饰面安装及细部加工等。良好的施工质量,既需要使用合格的建筑材料,也需要严格按照相关规范进行施工(见图 12-12)。

图 12-12　相关规范示例

思　考　题

1. 垫层为什么采用聚合物混凝土？
2. 简述阻燃等级 B2、A 级的内容。
3. 简述混凝土 P6 的内容，直线墙为什么有这个要求？
4. 室内装修环保要求有哪些？

本 章 小 结

　　本章通过一些案例展示了建筑材料在建造和装饰中的实际应用，不同应用场景对应的技术要求也不同，需要采用不同特点的建筑材料。同一种建筑材料，如果改变了它的结构和配比，其性质会大为不同。以混凝土为例，通过改变它的结构和配比，可以作为结构材料，也可以作为墙体材料，还可以作为保温或装饰等功能材料。

　　通过本章的学习，了解建筑材料的组成、结构、性能与应用之间的关系，使我们在建造工作中，能够合理地采用各类建筑材料，创新性地使用建筑材料。

参 考 文 献

[1] 王艳.建筑材料[M].北京:清华大学出版社,2019.
[2] 武强.建筑材料[M].北京:电子工业出版社,2018.
[3] 吴丽琴.建筑材料[M].北京:电子工业出版社,2016.
[4] 吴潮玮.建筑材料[M].北京:北京理工大学出版社,2018.
[5] 依巴丹.建筑材料[M].北京:机械工业出版社,2014.
[6] 林建好.土木工程材料[M].哈尔滨:哈尔滨工程大学出版社,2017.

参考文献